초등 엄마 교사의
방구석 자존감 수업

엄마만 찾는
아이가
되지 않도록

초등 엄마 교사의 방구석 자존감 수업

엄마만 찾는 아이가 되지 않도록

초판 1쇄 인쇄 2020년 6월 25일
초판 1쇄 발행 2020년 6월 30일

지은이	이정현
편집인	서진
펴낸곳	이지퍼블리싱

책임편집	하진수

마케팅 총괄	구본건
마케팅	김정현
영업	이동진

디자인	김희연

주소	경기도 파주시 광인사길 209 202호
대표번호	031 946-0423
팩스	070-7589-0721
전자우편	edit@izipub.co.kr
출판신고	2018년 4월 23일 제2018-000094 호

ISBN 979-11-90905-00-8 03590

●초등 엄마 교사의 방구석 자존감 수업●

엄마만 찾는
아이가
되지
않도록

이정현 지음

izi PUBLISHING

프롤로그

아이 자존감,
엄마 행복에 달려 있다

내가 처음 자존감에 관심을 갖게 된 것은 윤홍균의 『자존감 수업』을 읽고 나서다. 이후 자존감에 관련한 책을 집중적으로 찾아 읽었고 우리 삶에서 자존감이 매우 중요한 심리적 뿌리임을 알게 되었다. 그리고 어른이 되어서 자존감이 낮아 힘들어하지 않도록 아이가 어렸을 때 자존감을 단단하게 형성해주면 좋겠다고 생각했다. 특히 초등 6년이 적기라고 보았다. 이 책은 그런 마음을 담아 썼다.

나는 초등학교 교사이자 초등학생 남매를 키우는 엄마다. 학교 현장에서, 초등학생 자녀를 둔 가정에서 생활하면서 늘 자존감에 대해 고민했다. 초등학생 아이들의 자존감 향상을 위해 엄마 아빠가 무엇을 어떻게 해주어야 할지 생각했다. 그렇게 자존감에 대해 고민하다 아이의 자존감과 엄마의 행복

4

은 긴밀히 연결되어 있음을 알게 되었다.

이 책은 크게 둘로 나뉜다. 앞부분은 아이의 자존감 향상에 대해 다루었고, 뒷부분은 엄마의 행복에 대해 다루었다. 여기서 엄마는 엄마의 역할을 하는 사람을 뜻한다. 아빠가 될 수도 있고 조부모가 될 수도 있으며 이모나 삼촌이 될 수도 있다. 아이를 낳고 돌보는 사람을 총칭하는 것이 엄마임을 분명히 하고 싶다.

국어, 영어, 수학을 가르치기도 힘든데 이제 자존감까지 신경써줘야 하느냐며 머리를 젓는 부모도 있을 것이다. 하지만 학원을 따로 보내야 하는 것도 아니고 생활에 살짝 변화를 주면 되니 걱정하지 않아도 된다. 평소 아이를 대하는 태도를 조금만 바꾸고 조금만 더 관심을 가지고 노력하면 아이들의 행복이 바탕이 될 자존감을 단단히 해줄 수 있다. 나의 경험이 여러분의 삶에 조금이라도 도움이 된다면 더 바랄 것이 없겠다.

이정현

책에 사례로 실린 아이들은 모두 가명을 사용했으며 전달하고자 하는 내용의 핵심에 영향이 가지 않는 선에서 조금 변경된 부분도 있습니다.

차례

1장 학교에서는 가르쳐주지 않는 것

2장
먼저 나서서 혼자 해보려는 마음

3장
방구석 자존감 수업 - 육아편

4장
방구석
자존감 수업
– 엄마 습관편

5장
오늘부터
엄마 혁명

6장
엄마가 웃으면 아이도 따라 웃는다

학교에서는
가르쳐주지
않는 것

60점 받고 기뻐하는 아이 vs 90점 받고 슬퍼하는 아이

신규교사 때의 일이다. 유난히 발표를 잘하고 똑똑한 아이가 있었다. 성격도 아주 낙천적이고 밝았다. 10년도 훨씬 전이라 당시만 해도 시험점수가 있었다. 지금 초등학교는 한학생이 수업 과정에서 어느 정도의 성장을 했는지 과정중심, 성장중심 평가를 하지 점수로 평가하지 않는다. 그런데 당시에는 점수를 매긴 후 평균을 내고 엑셀 프로그램에 돌리면반 등수를 파악할 수 있었다. 물론 가정에는 점수만 보낼 뿐등수를 학생들에게 공개하지 않았다. 등수는 아이의 학습도파악을 위해 담임교사만 알고 있었다.

그 아이의 시험 성적은 생각보다 좋지 않았다. 평소 아이의 수업 태도, 발표력, 집중력이 좋았기에 시험 성적도 당연히 좋을 거라 예상했는데 그렇지 못했다. 중간고사에 이어 기말고사도 마찬가지였다. 시험 점수가 평균 이하였기에 조금 걱정되기도 하고, 조금만 열심히 공부를 하면 좋은 성적을 낼 수 있을 것 같아 아이를 조용히 불러 이야기했다.

"영희야, 시험지 부모님 보여드렸니?"

"네."

"부모님께서 뭐라고 하셔?"

"너무 잘했대요."

"뭐?"

나도 모르게 깜짝 놀라 되물었다. 속내를 들킨 것 같아 머쓱해 있는데, 아이는 그저 내가 잘 못 알아들은 줄 알고 다시 말했다.

"아빠가 50점만 맞아도 되는데 60점이나 맞았다고 너무 잘했대요."

당시만 해도 나는 아이들의 성적을 매우 중요하게 생각했기에, 영희 부모님이 아이에게 신경을 덜 쓰는 것 같다고 생각했다. 그래서 아이의 대답에 신선한 충격을 받았고 지금껏 생생히 기억하고 있다.

이 기억을 떠올릴 때면, 그 일로부터 몇 년이 지나고 또 다른 아이와 나눈 대화도 함께 떠오른다. 한 아이가 안 좋은 표정으로 앉아 있기에 이유를 물어보았다.

"왜 그러니? 무슨 일 있니?"

"100점을 못 받아서요."

"아, 그렇구나. 90점도 매우 훌륭한데?"

내 격려에도 아이의 기분은 나아지지 않았는지 하교하는 아이의 어깨는 축 처져 있었다. 나는 아이들이 모두 떠나 텅 빈 교실에서 생각에 잠겼다.

60점을 받고도 싱글벙글 웃던 아이와 90점을 받고도 표정이 안 좋았던 아이. 우연의 일치일지 모르나 둘 다 5학년 여자아이였다. 한 아이는 60점이라는 점수와 무관하게 자신을 사랑했고, 한 아이는 90점보다 높은 점수를 받지 못한 자신을 못마땅해했다.

두 아이의 다른 태도는 무엇 때문일까? 부모님의 반응이 아이의 생각을 결정하는 것은 아닐까? 90점을 받은 아이가 집에 갔을 때 부모가 어떤 반응을 했는지 모르지만 60점을 받은 아이를 칭찬했다는 것은 안다. 어쩌면 아이 성적에 무관심했던 게 아니라 아이의 자존감이 다치지 않도록 배려한 거였는지도 모르겠다.

내가 부모가 되고 보니 시험을 잘 치르지 못한 아이에게 평정심을 갖는 게 참 힘든 일임을 알게 됐다. 그런데 50점 받아도 되는데 60점을 받아왔다며 잘했다고 칭찬을 해주었다니…. 친구들 점수와 비교되어 의기소침해져 있던 아이는 아빠의 말에 힘을 얻었으리라. 아이가 점수와 상관없이 수업 태도도 좋고 발표도 잘하고 자신감 있게 학교생활을 할 수 있었던 것은 부모의 교육관 덕분이 아닐까.

나는 10여 년이 지난 지금도 아이의 또랑또랑 빛나는 눈, 당당한 목소리, 바른 자세 등을 또렷이 기억한다. 어엿한 성인이 되었을 그 아이는 지금도 여전히 밝고 긍정적일 것이라 확신한다.

60점 받고 기뻐하는 아이와 90점 받고 슬퍼하는 아이 중 자존감 점수는 누가 더 높을까? 당연히 60점 받고 기뻐하는 아이의 자존감이 더 높으리라. 심리학자들은 기질과 환경이 연관되어 그 사람의 성격이 형성된다고 말한다. 기질은 타고 났든 운명이든 부모가 어떻게 할 수 없는 부분이지만 환경은 부모가 만들어줄 수 있다.

그렇다면 어떤 환경에서 커야 아이가 자존감이 높은 아이로 자랄 수 있을까? 부모가 아이를 대하는 태도, 아이에게 건네는 말과 깊은 연관이 있다.

현장에서 여러 학생을 가르치면서 아이의 자존감을 높이기 위해 학교 선생님이 아닌 부모만이 해줄 수 있는 점이 있음을 알게 되었다. 이제 자세히 살펴보도록 하자.

티처맘 TIP

아이의 평가결과에 초점을 두지 말고 그 평가결과를 받은 아이의 마음을 먼저 살펴주세요. 아이가 울적해하면 할 수 있다고 자신감을 불어넣어주고 만족하고 있다면 노력한 과정을 칭찬해주세요.

시키는 일만 하는 데
익숙해진 아이들

청소년을 주로 진료하는 정신의학과 의사의 강연을 들은 적이 있는데, 공무원 시험이 치열해진 이유에 대한 그의 견해가 흥미로웠다. 이제 막 대학을 졸업한 사람이 공무원 시험을 준비하는 것은 취업난 때문도 있지만 시험을 보는 데 익숙해진 때문도 있다는 것이다.

시험에 익숙해진 우리

초등학교부터 대학까지 늘 공부하고 시험 치르고 결과를 확인하는 일의 반복이다. 능동적으로 모르는 것을 찾아 공부한다기보다는 주어진 시험 범위를 외우는 식으로 공부한다. 그 감각에 익숙해져버려서 또 치뤄볼 만한 시험을 찾는 것이다. 그렇게 공무원 시험을 준비해 치르고 결과를 기다리는 것이라고.

습관은 우리 일상을 지배한다. 아침에 늦게 일어나는 사람은 늘 늦게 일어난다. 아침에 늦게 일어나던 사람이 어느 날 갑자기 일찍 일어나려면 대단한 노력이 필요하다. 시험에 익숙한 사람이 다시 시험을 준비하는 것은 당연할 수 있다. 하지만 저마다 다양한 능력이 있을 텐데 한군데로 몰리는 게 안타깝다.

좋아하는 것을 찾지 못한 이유

누군가 시켜서 하는 게 아니라 자신이 좋아하는 것을 스스로 찾아서 하는 사람으로 성장하려면 무엇이 필요할까? 그 능동적인 태도는 어디에서 오는 것일까? 아이들에게 충분하지 못했던 것을 생각하면 해결책이 나온다.

첫째, 시간이 없었다. 나는 누구인지, 내가 무엇을 좋아하는지, 내가 무엇을 하고 싶은지에 대해 충분히 생각할 수 있는 시간이 없었다. 주어진 시험 범위를 공부하느라 시험 일정에 따르느라 정작 중요한 내 자신에 대해서는 충분히 공부하지 못한 것이다.

둘째, 용기가 부족했다. 좋아하는 것을 찾았다 해도 '나는 어차피 안될 거야'라며 도전을 지레 포기한 것은 아닐까. 바로 자신에 대한 믿음, 즉 자존감이 낮아 자신을 믿지 못했던 것이다.

진짜 원하는 것을 찾았다면

자존감이 높으면 자신의 인생에 품는 후회가 줄어든다. 실수는 있을지 모르지만 말이다. 『바나나 그 다음,』의 저자 박성호는 과학고를 거쳐 카이스트를 졸업했다. 그는 카이스트에 입학하기 전까지는 부모님이 시키는 대로 학교와 학원을 다니며 공부하는 삶이 당연한 줄 알았다고 한다.

하지만 대학 입학 후 공부를 잘하지만 불행한 친구를 여럿 보면서 조금씩 생각이 달라지기 시작했고 군대에서 풍부한 독서를 통해 현재 삶이 자신이 원하던 삶이 아님을 깨닫는다. 그는 치의학대학원 진학 준비를 그만두고 여행 블로거와 작가의 삶을 선택한다. 그는 성인이 되어서야 자신의 삶에 대해 진지하게 생각하게 되었다. 어렸을 때는 타인의 말에 집중하다 보니 하라는 대로 해내느라 자신에 대해 충분히 생각해볼 시간이 부족했으리라.

아이가 시키는 대로 하지 않고 자신이 선택한 삶을 살 수 있으려면 깊이 생각해볼 시간과 도전할 수 있는 용기가 필요하다. 그렇게 자신이 찾은 꿈에 다가가며 도전을 두려워하지 않는 아이야말로 자존감 높은 아이라 할 수 있지 않을까.

티처맘 TIP

아이에게 "숙제 했어?", "학교에서 뭐 배웠어?"라는 질문 대신 "요즘 제일 좋아하는 것은 뭐야?", "커서 어떤 사람이 되고 싶어?"라고 물어보고 함께 대화해보세요.

"엄마,
공부는 왜 해야 해요?"

여느 때와 다름없는 방학이었다. 교무실에서 근무하고 있는데 교장 선생님이 교장실로 부르셨다. 공문에 나와 있는 강연을 신청해주고 다른 교사에게도 알려 신청자를 더 받으라고 하셨다. 교장실 문을 닫고 나온 나는 복도를 걸으며 아무 생각 없이 공문을 읽다 깜짝 놀라 걸음을 멈췄다.

'조세핀 킴?『교실 속 자존감』저자 조세핀 킴이라고?'

몇 번을 봐도 조세핀 킴이라고 적혀 있었다.『교실 속 자존감』은 교사로서의 나 자신을 돌아보는 계기가 된 책이다. 하버드대학원 교수로 미국에 거주하고 있다고 알고 있었는데,

이곳에 온다니! 일단 선생님들에게 문자를 보내고 나도 바로 강연을 신청했다.

그렇게 며칠을 기다려 조세핀 킴을 만났다. 강연은 자존감을 주제로 2시간 동안 이루어졌는데 크게 세 가지 내용이 인상적이었다.

첫째는 선인장을 껴안고 있는 소녀 그림이다. 유튜브에 있는 조세핀 킴 강연 영상이나 『교실 속 자존감』에도 나오는 그림이다. 그림 속 소녀는 선인장 가시에 찔려 피를 흘리면서도 선인장을 안고 있는데, 이는 자존감이 낮은 사람을 표현한 것이다. 힘들면서도 안고 있으라고 하니까 안고 있는 모습, 마음대로 하지 못하고 다른 사람이 시키는 대로 하는 모습, 상처 입으면서도 그럴 수밖에 없는 모습이 마음 아팠다.

둘째는 자존감이 강한 아이는 공감능력이 높다는 내용이다. 괴롭힘을 당하면 그 친구가 얼마나 마음이 아플지 알기 때문에 다른 사람에게 말할 때 그 사람의 기분이 어떨지 한번 더 생각하고 행동한다. 그렇기에 겸손하고 배려심이 많다. 공감 능력이 중요하다는 건 알았지만, 자존감과 그렇게 깊은 관련이 있는 줄은 몰랐다.

셋째는 하버드 학생들은 배움을 사회에 무언가로든 환원

하기 위해 공부한다는 내용이다. 문득 우리나라 학생들은 무엇 때문에 공부하는지 생각해봤다. 대부분의 중고생이 좋은 대학에 가기 위해 공부하고, 대부분의 대학생이 좋은 직장에 가기 위해 공부한다. 다시 말해 자기 자신을 위해, 때로는 부모님을 위해 공부한다.

그런데 하버드 학생들은 학교에서 얻은 배움으로 사회를 더 아름답게 빛내기 위해 공부한다니 놀라우면서도 어쩐지 씁쓸했다. 사회적 공헌을 목표로 공부하는 사람과 입시를 위해, 부모님의 기대 충족을 위해, 하라고 하니까 공부하는 사람은 행복도가 확실히 다를 것이다.

강연을 듣고 와서 나는 우리 학급 아이들에게 공부를 하는 이유는 자기 자신뿐만 아니라 사회를 위해서라고 설명했다. 공부해서 사회를 빛내는 사람이 돼라는 내 말을 듣는 아이들의 눈이 반짝반짝 빛났다. 그리고 "공부해서 빛이 되자!"라는 구호를 만들어 수업 때마다 자주 들려주었다.

흔히 "공부해서 남 주니? 다 너를 위한 거야."라는 말을 한다. 그런데 우리가 행복하려면 정말 공부해서 남을 줄 수 있어야 한다. 나뿐만 아니라 타인을 위해 공부할 때 아이의 자존감은 높아지고 행복지수는 올라간다. 이제 아이들에게 "너

는 공부해서 세상을 위해 좋은 일을 하게 될 거야."라고 말해
보면 어떨까.

티처맘 TIP
아이와 잠시 공부하는 이유에 대해 대화해보세요. 정답은 아이와의 대화 속
에서 찾아가보세요.

하버드 학생은
1등으로 행복할까?

똑같이 성적이 상위권이라도 행복한 아이가 있는가 하면 불행한 아이도 있다. 하버드 교육대학원 교수 조세핀 킴이 쓴 『우리 아이 자존감의 비밀』에는 하버드에 다니면서도 자기보다 잘하는 친구들 때문에 힘겨워하는 한국 학생의 이야기가 나온다.

하버드 학생의 대부분은 행복하게 공부하는데, 왜 한국 학생은 힘겨워할까? 행복을 결정짓는 요인이 무엇인지 알 수 없지만 성적 하나만은 아닐 것이다.

우리는 항상 1등에 주목한다. 수석 입학, 금메달, 1위, 최우

수는 현수막이 내걸린다. 2~3등까지는 그래도 대우를 해준다. 우수상, 은메달, 동메달, 2등, 3등, 차석이라는 이름으로. 그러나 4등 이하는 전부 배경에 머무른다.

학교 공부 1등, 시험 성적 만점을 최고로 여기는 어른의 잣대로 아이들의 자존감은 곤두박질친다. 점수가 낮은 아이는 '나는 공부를 못해'라며 스스로 낙인을 찍는다. 공부를 잘하는 아이 또한 힘든 건 마찬가지다. 단 하나뿐인 1등 자리를 누군가에게 빼앗길까 봐 조바심을 낸다. 행복은 성적순이 아니다. 행복이 성적순이라면 하버드대에 다니는 학생, 서울대에 다니는 학생은 다 행복해야 할 텐데, 실상은 어떤가.

초등학교 교장이자 부모 코칭 전문가 이유남은『엄마 반성문』을 통해 진솔한 경험담을 전하며 반성한다. 자신이 어렸을 때 가정 형편으로 공부하지 못한 상황이 억울하여 자식들은 원 없이 공부시켜주었는데 항상 우수했던 아들과 딸이 느닷없이 고등학교 때 자퇴를 선언한다. 그동안 아이들의 성적을 올리는 데에 혈안이 되어 아이들의 마음을 제대로 돌보지 못했음을 뒤늦게 깨닫는다. 학교에서 반 아이들을 가르치면서 아이들이 학교를 다녀주는 것만으로도 감사해야 할 일임을 알게 되었다고.

요즘 사교육을 시작하는 평균 연령은 2~3세라고 한다. 나 또한 아이를 낳자마자 몰려드는 온갖 홍보물에 정신없던 적이 있었다. 이제 기저귀 차고 침대에 누워 방긋방긋 웃고 있는 아이를 두고, 두뇌 발달에 좋다는 책과 교구를 샀다. 고가의 물품으로 가득 찬 강남의 육아박람회장을 방문했다. 나를 포함해 그곳을 찾은 유모차 부대 엄마들의 눈에서 뚜렷한 목적성은 보이지 않았다.

나보다 앞서 아이를 키우던 친구가 "예체능은 저학년 때 끝내야 돼. 고학년이 되면 수학, 영어 공부하느라 할 시간이 없어."라고 말했을 때에는 그다지 와닿지 않아 고개를 갸우뚱했다. 하지만 지금은 어느 정도 이해는 된다.

저학년 때 4, 5교시였던 수업 시간이 고학년이 되면 5, 6교시로 늘어난다. 아이들의 여유시간은 줄어드는데 공부해야 할 과목은 늘어난다. 방과 후 시간이 넉넉한 저학년 때 예체능을 마무리해줘야 고학년 때 공부 관련 학원에 보낼 수 있다는 이야기다. 특히 학년이 올라갈수록 수학이 어려워지기 때문에 수학에 공들일 시간을 많이 확보해야 하는 이유도 있겠다.

현실은 알겠는데 왠지 씁쓸하다. 아이들이 태어나면 유아용 책과 교구를 접하고, 저학년 때는 예체능을 하고, 고학년이 되면 수학, 영어 공부에 매진해야 한다는 것이, 그렇지 못할 경우 뒤처지는 느낌을 받아야 한다는 것이 씁쓸하다. 행복이 성적순은 아닌 걸 알지만 성적을 무시할 수 없는 진퇴양난의 기로에 놓인 부모들 그리고 교사들.

성적은 필요조건은 될 수 있지만, 충분조건은 아니라는 점을 기억하자. 성적에 신경 쓰기 전에 아이가 무엇을 좋아하는지, 나의 욕심으로 억지로 시키는 게 아닌지, 내가 억압하는 부분은 없는지, 아이가 견디기 힘들 정도의 스트레스를 받고 있는 건 아닌지, 공부를 시키는 목적이 무엇인지, 누구를 이기려고 하거나 남에게 자랑하기 위해 공부시키는 것은 아닌지에 대해 생각해야 한다. 그 무엇보다도 아이의 표정과 마음을 살피는 것이 우선이다.

공부를 잘하고 싶어 하고 성적에 관심이 많은 아이에게 구태여 행복은 성적순이 아니라고 강조할 필요는 없다. 그런 아이에게는 어떻게 하면 효율적으로 공부할 수 있는지 도와주면 된다. 하지만 아직 공부에 흥미가 없거나 공부 외에 다른 분야에 관심이 있는 아이에게 공부하라고 밀어붙이는 것은 정서적 폭력이 될 수 있다.

학교에서 교사는 공부하라고 할 수 있다. 학교라는 기관 자체가 학생들의 배움터를 목적으로 설립되었기 때문이다. 하지만 학교에서의 배움은 일부이지 아이의 삶 전체가 아니다.

아이들은 성적을 잘 받으려고, 좋은 대학에 가려고, 부모를 기쁘게 하려고 태어난 게 아니다. 학교 성적이 아이의 미래 행복을 결정한다고 단정짓지 말자. 부모가 진정 바라는 것은 아이의 행복하고 건강한 삶이지 사회적 잣대로 정해진 숫자, 대학교 이름, 대기업 이름이 아니지 않은가.

티처맘 TIP
오늘 자기 전에 학교 다니며 힘든 일은 없는지 물어보세요. 학교에 잘 다니는
아이를 칭찬해주고 학교에 잘 다녀주어서 고맙다고 말해보세요.

꿈으로 향하는 길은
하나가 아니다

나는 공부는 잘하지 못했지만 건강하게 성장한 많은 제자들을 보아왔다. 같은 지역에서 오랫동안 교사를 하다 보니 성인이 된 제자를 만나는 일이 종종 있다.

어느 봄날, 횡단보도에 서 있었는데, 한 청년이 계속 나를 쳐다보는 것이다. 그러더니 성큼성큼 내게 걸어와 인사했다. 고개를 들고 눈이 마주치자마자 몇 년 전 가르친 학생임을 알아보았다. 안타까운 사연이 많아 당시에 꽤 나를 속상하게 했던 아이였다. 그랬던 아이가 어느새 늠름한 청년이 되어 있었다.

"어디 가니?"

"기타 배우러 가요."

'기타라···. 이 친구는 음악을 하고 싶었구나. 전혀 몰랐는데···.'

어엿한 청년이 되어 하고 싶은 걸 하는 모습을 보니 감회가 새로웠다. 신호가 바뀌고 인사하며 헤어졌다. 어떤 아이든 다 자신의 길을 나아감을 새삼 깨달았다.

햇살 좋은 주말, 아이들과 피자를 먹으러 나왔다. 피자를 주문하려는데 계산대 직원이 "혹시 초등학교 선생님 아니세요?" 하고 물었다. "그런데요. 어떻게···?" 하고 내게 말을 건 직원을 돌아봤는데, 낯이 익었다. 그 친구의 명찰을 확인하고 반가운 마음에 이름을 크게 부르고 말았다.

조회 때 줄을 잘 안서고 수업 시간에는 짓궂은 장난을 쳐서 내게 주의를 곧잘 받던 학생이었다. 그런데 벌써 군대도 다녀오고 멋지게 성장해 자신의 일을 하고 있었다. 식사를 마치고 계산하는데 생각보다 금액이 적게 나왔다. '할인카드로 이렇게 많이 할인되나?' 하며 가게를 나와 집으로 돌아가는 택시 안에서 영수증을 확인해봤다. 그제야 그 친구가 피자 값은 받지 않고 음료수와 샐러드 값만 받았다는 걸 알게 됐다. 어린아이였던 그 친구의 모습과 겹치면서 눈시울이 시큰해졌다.

아이들은 공부를 잘하든 못하든 상관없이 자신이 나아갈 길을 갈고닦으며 성장한다. 학교에서 말하는 공부가 이 세상 공부의 전부는 아니다. 세상은 생각보다 더 넓고 아이들이 제 몫을 할 선택지는 많다. 그렇다고 해서 아이들에게 공부가 필요 없다는 이야기는 아니다. 다만 공부만 중요하고 공부만 잘하면 인생에서 성공이라는 식의 이야기는 이제 하지 말자는 거다.

엄마가 공부에 대해 힘을 빼야 아이가 부담이 덜 들어간다. 오히려 아이들은 그 편이 더 마음 편하게 공부할 수 있다. 부디 아이의 인생이 길다는 점을 기억하고 지금 잠시의 모습으로 아이의 삶을 판단하지 말길 바란다.

무엇이든
할 수 있다는 용기

알파고가 이세돌을 이긴 후 우리나라에 한동안 바둑 열풍이 불었고 방과후 수업으로 바둑 개설을 요청하는 학부모도 있었다. 멀리 보면 알파고는 지금보다 엄청나게 변화할 미래 사회를 시사한다.

알파고 같은 인공지능 로봇에 일자리를 빼앗길지도 모른다며 두려워하는 사람이 있는가 하면 일상이 더 편해질 거라며 인공지능의 등장을 반기는 사람도 있다. 인공지능이 우리의 삶에 더 깊숙이 들어올 것은 자명한 사실이다. 일자리 걱정을 할 게 아니라 인간으로서 어떻게 지혜롭게 대처할지를 생각해야 한다. 나는 이에 대한 답을 찾고 싶어 많은 강연을 다녔다. 그중 실마리를 찾을 수 있었던 전문가 3명의 이야기를 소개한다.

첫째, 조승연 작가는 '인간이 가지고 있는 고유한 감정의 영역까지는 아직 AI가 들어올 수 없다'고 했다. 번역기는 감정 언어까지 전달할 수 없다는 이야기다.

둘째, 『내 아이를 위한 감정코칭』의 저자 최성애는 〈태양의 후예〉의 남자주인공처럼 인성이 좋은 사람이 바로 알파고를 이길 수 있는 사람이며 그런 사람은 로봇에게는 없는 '생기력과 인성'이 있다고 했다.

셋째, 『디지로그』의 저자 이어령은 마이크임팩트회사와의 인터뷰에서 "우리가 알파고를 이길 수 있을까요?"라는 질문에 이렇게 되물었다. "말이 인간보다 빠른데 인간이 말을 달리기로 이길 수 있는가를 물으면 되겠는가?" 이어서 질문 자체가 틀렸음을 지적하며 인간이 어떻게 말에 올라타서 잘 컨트롤할지를 안다면 두려워할 일이 아니라고. 했다.

'사람의 감정', '생기력과 인성', 'AI를 다룰 줄 아는 능력'이 미래 사회에 필요한 자질이다. 인공지능은 두려워할 존재가 아니다. 기계가 할 수 있는 것은 인공지능에게 맡기고 인간 고유의 능력을 마음껏 발휘할 수 있는 시대가 오고 있는

지도 모른다. 중세시대에 인본주의를 중시하며 르네상스 시대가 열린 것처럼 가까운 미래에 인간 고유의 능력을 발휘할 수 있는 제2의 르네상스 시대가 열리지 않을까?

자존감은 자신에 대한 믿음과 사랑이므로 자존감이 높은 사람은 감정이 풍부할 가능성이 높다. 할 수 있다는 자기 유능감이 있기에 눈과 얼굴에 생기가 있다. 꿈이 가득하기에 좌절 앞에서도 다시 일어날 수 있다. 또한 자신을 믿기 때문에 알파고 뒤로 숨지 않는다. 인공지능 위에 서서 진두지휘할 능력이 있다.

사실 학교에서 진로교육을 하고 있지만, '과연 이 아이들이 컸을 때 이 직업이 있기는 할까?'라는 의문이 들어 회의감이 밀려올 때가 있다. 그렇다고 현재 있는 직업에 대한 진로 탐색을 하지 않을 수도 없다. 혼란스러울 때에는 근본적인 질문에서 생각해본다. 많은 변화가 예측되는 미래 사회에 대비해서 지금 우리 아이들에게 가장 필요한 것이 무엇일까?

미래 사회가 아무리 변한들 인간은 사회적 동물이므로 어떤 형태로든 사회의 일원으로서 살아갈 것이다. 사회의 한 일원으로서 교류하는 동시에 개인 자체로서도 존중받을 때 건강한 삶을 살 수 있다. 이러한 인간의 특징을 근거로 미래 사회에 필요한 자질을 생각해보면, 사회적 인간으로서는 '미래 사회의 적응 능력'이, 개인적 인간으로서는 '자신에 대한 사랑과 믿음'이 필요하다.

다시 말해, 다양한 변화를 두려워하지 않고, 대처하고 문제를 해결할 수 있으려면 '난 무엇이든 할 수 있다'는 용기가 필요하다. 또 혹여 실패하더라도 툭툭 털고 일어날 수 있는 회복탄력성이 필요하다.

티처맘 TIP
아이가 자신에 대한 믿음이 있나요? 변화하는 사회에 적응할 능력을 기르고 있나요? 부모가 아이 옆에서 긍정의 힘을 주고 있나요? 잠시 생각해보고 내 아이에게 지금 가장 필요한 한 가지를 써보세요.

2장

먼저 나서서 혼자 해보려는 마음

아이 스스로 선택하는
연습이 필요하다

법륜 스님의 즉문즉설 강연을 좋아해서 유튜브로 찾아 듣거나 직접 강연장에 가서 듣기도 한다. 강연 내용 중에 '인생 대부분의 문제가 선택의 문제'라는 말이 자주 나온다. 우리는 살면서 수많은 선택을 한다. 선택의 순간마다 스스로 결정하지 못하고 항상 누군가의 조언을 받는다면, 이를 자신의 온전한 삶이라 할 수 있을까?

존중과 방임

스스로 한 선택이 만족할 결과로 이어진다면 삶이 행복해지리라. 부모는 아이의 선택이 의미 있고 훌륭하다는 의식을 심어주어야 한다. 아이의 선택이 마음에 안 들더라도 아이를 믿고 기다려주어야 한다. 부모가 자신의 선택을 존중해줄 거라는 믿음이 있어야 스스로 선택하는 힘이 길러진다. 아이가 위험해지는 결정이나 남에게 피해를 주는 결정이 아니라면 아이의 선택을 존중해주자.

아이가 스스로 선택할 수 있게 하려면, 부모와 아이 사이에 적당한 거리가 유지되어야 한다. 물론 자식과 부모 사이는 그 누구보다 가까운 사이다. 하지만 '자식=부모'는 아니다.

여기서 주의할 점이 있다. 존중과 방임은 다르다. 존중은 '너는 선택할 권리가 있고 너의 결정을 엄마는 믿는다'는 관심과 사랑이다. 하지만 방임은 '네 인생이니 알아서 해. 엄마는 몰라'라는 무관심이다. 관심과 사랑으로 거리를 두고 곁에서 지켜보아야 한다.

아이를 존중하라는 말이 자기만 옳다고 주장하는 막무가내인 아이로 키우라는 의미는 아니다. 자식의 선택을 존중하되 분명한 울타리는 쳐주어야 한다. 다른 사람에게 피해를 주는 행동이나 자신을 해치는 선택은 막아야 한다.

그렇다면 어린 아이가 스스로 선택할 수 있는 상황으로는 어떤 것이 있을까? 옷 고르는 일, 외식 메뉴 고르는 일, 주말

나들이 장소 고르는 일, 학원 고르는 일, 공부 시간과 양 정하는 일 등 찾아보면 다양하다. 그런데 부모가 아이에게 선택권을 쉽사리 주지 못한다. 그 이유는 무엇일까? 나이가 어린 아이의 선택이니 어른인 나의 선택보다 못할 것이라 단정해서가 아닐까?

물론 어른의 선택은 안전할 수 있다. 다만 아이의 적성, 취향, 흥미, 미래 사회 변화 등이 고려되지 않은 선택은 자칫 아이를 불행한 삶으로 이끌 수도 있다. 그 선택으로 아이가 만족한 삶을 산다면 다행이지만 그렇지 못할 경우 그 선택에 대한 책임을 부모 탓으로 돌리거나 과거의 선택을 후회하며 현재를 헛되이 보낼 수 있다. 자신의 선택으로 인한 후회와 타인의 선택으로 인한 후회는 다를 것이다.

아이의 선택을 존중하는 학교

2017년에 초등학교 2학년 담임을 맡았는데, 그 해에 교육과정이 바뀌면서 교과서에 '수업 만들기'라는 항목이 단원마다 추가로 제시되었다. 어떤 삽화 하나를 제시하고 그림을 보며 하고 싶은 것을 찾는 것이다. 구체적으로 말하면, 항상 '공부할 문제'가 적혀 있는 칸을 비워 아이들이 채우도록 되어 있다.

처음에는 바뀐 교과서로 하는 수업이 낯설었다. 아이들이 엉뚱한 이야기를 하면 어떻게 하나 걱정도 됐다. 하지만 우려와는 달리 아이들은 새로운 수업 방식을 매우 좋아했다. 엉뚱한 이야기를 하기는커녕 기발한 아이디어를 말해 놀란 적도 여러 번이다. 아이들의 능력은 어른의 사고 틀을 깰 수 있을 만큼 무한하다는 것을 새삼 깨달았다.

이런 아이들의 잠재력을 알기에 학교도 변하고 있다. 교육과정뿐 아니라 수업 방식도 변하고 있다. 이전에는 수업목표나 학습활동을 선생님이 정해서 "오늘은 ~를 공부해보자."라고 제시했다면, 이제는 "오늘 무엇을 공부해보고 싶어요?"라고 학생들에게 묻는다.

교육의 주체가 교사가 아닌 학생이 되는 '배움중심수업' 방식이다. 교사가 학생에게 일방적으로 전달하는 것이 아닌 교사와 학생, 학생과 학생의 교류로 배움이 일어나는 방식이다. 여기서 중요한 것은 학생이 선택할 수 있도록 유도하는 교사의 발문이다.

존경하는 선배 교사의 공개수업을 참관한 적이 있는데, 그 선생님은 학습활동을 세 가지 제시하여 아이들에게 두 가지를 선택하도록 했다. 나는 아이들이 자신의 선택을 고집하며 싸울까 조마조마했다. 하지만 아이들은 자신이 선택하지 않은 활동이라도 몰입해서 참여했다. 선생님이 아이들의 선택을 존중했듯 아이들도 다른 친구들의 선택을 존중했던 게 아닐까.

티처맘 TIP

아주 작은 선택부터 아이 스스로 선택하도록 하고 그 선택을 존중해주세요. 부모의 의견을 덧붙여 함께 결정해보세요. 선택에 자신의 의견이 반영되면 아이의 자존감이 높아질 거예요.

화난 감정을
말로 설명할 수 있을 때

학교 폭력 문제가 나날이 심각해지고 있다. 법륜 스님은 저서 『엄마 수업』에서 아이에게 많은 것을 허용해주되 '타인에게 욕을 하거나 타인을 때리는 일'은 반드시 금지하라고 당부한다.

시골의사 박경철 또한 저서 『자기혁명』에서 지나친 자유의 위험성을 이야기하며, 금지해야 될 것은 금지하는 교육이 필요함을 강조하고 있다.

하면 안 된다는 규칙

교사의 가장 중요한 업무 두 가지를 꼽으라고 하면 학습 지도와 생활 지도일 것이다. 그런데 대부분의 교사가 학습 지도보다 생활 지도에 어려움을 겪는다. 요즘 아이들은 대부분 외동이거나 형제자매가 있어도 둘 많아야 셋이다. 부모와 친척의 관심을 한 몸에 받으며 귀하게 자라서 지지받는 건 익숙해도 저지당하는 건 낯설 테다.

학교에서는 자기 마음대로 할 수 없다. 수업 시간 지키기, 수업 시간에 바르게 앉기, 친구의 말 경청하기, 자기 자리 주변 정리하기 등 지켜야 할 규칙이 많다. 자유로운 집 분위기와 달라서 아이가 학교생활을 힘들어할 수 있다.

또 친구가 마음에 안 들어도 말로써 잘 이야기해야 하는데, 말로 전달하는 능력이 부족하면 폭력이 앞서게 된다. 어휘력이나 표현력의 부족이 원인인 경우도 있지만 내재된 분노가 원인인 경우도 있다. 인정받지 못한 아이의 마음에는 분노가 쌓인다. 반대로 자존감이 높은 아이들은 덜 분노한다. 화를 내더라도 폭력으로 표출하지 않는다.

교사 생활을 하면서 나름대로 연구하고 여러 가지 시도를 해보았다. 어떤 해에는 엄격하게, 어떤 해에는 친한 친구처럼 학급 경영을 해보면서 지금도 더 좋은 해답을 찾아가는 중이다.

시도의 일환으로 아이들을 친구처럼 부드럽게 대해본 적이 있다. 그런데 시간이 지날수록 무질서해져서 힘들었다. 학기말에 뒤늦게 질서를 잡아보려 했지만 이미 형성된 분위기는 쉽게 바뀌지 않았다. 다시는 그렇게 학급 경영을 하지 않겠다고 다짐했다.

교사들이 받는 연수 중 요즘 인기 있는 연수가 PDC다. PDC란 학급긍정훈육법의 약자로 긍정과 훈육을 균형 있게 유지하여 학급을 잘 운영하면 학급경영을 잘할 수 있다는 내용이다. 너무 엄격해도, 너무 부드러워도 안 된다. 다만 금지할 것은 허용하지 않는 규칙이 필요하다.

작은 사회, 학교

학교에서 아이의 학교생활에 대해 학부모 상담을 하다 보면, 평소 집에서 보지 못한 행동이라며 당황해하는 학부모를 자주 본다. 못 보던 모습이라며 교사의 말을 믿지 않는 학부모도 있다. 학부모에게 아이의 고쳐야 할 점을 이야기했다가 자신의 아이를 미워하는 게 아니냐는 오해를 받아 속상해하는 동료 교사도 있었다.

교사는 수업이 끝난 후 학교 업무와 다음 수업 준비로 바쁘게 시간을 보낸다. 그 와중에 학부모 상담 시간을 빼서 진행하는 것이다. 학부모와의 상담은 시간도 시간이지만 에너지가 소모된다. 상담 내용에 몰입하고 문제가 있다면 해결 방안을 생각해야 하기 때문이다. 아이에 대한 관심뿐 아니라 교육에의 열정도 있어야 한다. 그런데 학부모가 오해를 하니 동료 교사의 사기가 떨어질 만도 하다.

집에서의 아이 행동을 가장 잘 아는 사람이 부모라면 교실에서의 아이 행동을 가장 잘 아는 사람은 담임교사다. 아이의 학교생활을 1년 동안 함께할 담임교사의 말에 귀를 기울이고 가정에서 조금만 신경 써주면 아이의 문제 행동은 금세 나아진다.

'아이들이 커가는 과정에서 싸우면서 크는 거지'라는 말은 이제 더 이상 통하지 않는 시대다. '아무리 화가 나더라도 폭력으로 대응해선 안 돼'라고 반복해서 가르쳐주어야 한다. 어느 날 쉬는 시간에 한 아이가 내게 와서 말했다.

"선생님, 화가 너무 나서 누구를 때리고 싶은데 그러면 안 될 것 같아요."

내가 폭력으로 대응하면 안 된다고 꾸준히 이야기하니 아이도 폭력은 안 된다는 것을 이해하고 자신의 감정을 솔직하게 말해준 것이다. 나는 아이에게 솔직하게 말해줘서 고맙다

고 했다. 안 되는 것은 금지하되 아이가 자신의 감정을 말로

표현할 수 있도록 도와주자.

티처맘 TIP

아이와 하면 안 되는 것을 한두 가지 정하고 잘 지키는지 점검해보세요. 규칙
을 정하는 것보다 더 중요한 것은 아이가 잘 지키는지 꾸준히 점검하며 교육
하는 거예요. 잘 지키고 있으면 칭찬하고 고맙다고 이야기해주세요. 엄마의
칭찬은 아이에게 동기 부여가 되어 좋은 행동이 강화될 거예요.

"초등학생 때 실패는 없어,
모두 경험이야"

주간학습을 나누어주는 금요일에는 아이들이 삼삼오오 모여 다음과 같은 대화를 나눈다.

"야, 목요일에 수행평가 있다."

"아, 지긋지긋한 수행…."

"수행 좀 없어졌으면 좋겠어."

"나 이번 시험 전부 다 '매잘(매우 잘함의 줄임말)'이면 엄마가 ○○ 사준다고 그랬어."

현재 내가 근무하는 학교에서는 모든 평가가 수행평가로 이루어지는데, 동료평가, 프로젝트 평가, 포트폴리오 평가,

구술평가 등 종류가 다양하다. 그중 논술형 평가는 평가지를 가정으로 보내 부모에게 확인 도장을 받아오게 한다.

평가의 의미

시험이 사라지고 수행평가로 대체되면서 처음 평가지를 받아본 아이들과 학부모는 당황해한다. 평가지에는 점수 표기가 되어 있지 않기 때문이다. 평가지를 처음 받아본 아이들은 내게 와서 다 맞았으면 100점인 거냐고 묻는다. '평가=시험'이라고 생각하는 것이다.

나는 평가란 학생 입장에서는 '내가 뭘 모르는지를 아는 것'이고, 교사 입장에서는 '아이가 무엇을 모르는지를 아는 것'이라고 생각한다. 그래서 아이들에게 평가지를 나누어줄 때 '네가 이 평가를 통해 모르는 것을 알게 되었으면 된 거'라고, '수능시험도 아닌데 뭐가 그리 심각하냐'고 말한다.

실패는 성공의 어머니

예전에는 모르는 부분을 확실히 알고 가라는 의미로 오답노트 숙제를 꼭 내줬다. 그런데 오답노트를 벌을 받는 거라 여기는 아이, 친구는 안 쓰는데 나만 써서 부끄러워하는 아이가 있었다. 오히려 아이들 기가 죽을까 봐 이제는 오답노트 숙제를 내지 않는다. 그래도 학습 결손을 막는다는 취지로 가정에서 아이와 대화를 나누며 오답노트를 써보면 좋을 것 같다.

빨간색 셀로판지를 대고 보면 세상이 빨갛고, 파란색 셀로판지를 보고 세상을 보면 세상이 파랗다. 평가를 부정적으로 볼지 긍정적으로 볼지는 저마다의 선택에 달려 있다. 아이에게 평가에 대한 긍정적 프레임을 제시해주면 좋겠다.

나는 우리 반 아이들에게 "실패는 성공의 어머니! 틀려도 괜찮아."라는 말을 자주 한다. 에디슨은 전구를 발명하기까지 99번 실패했으며, 김연아 선수는 금메달을 따기까지 셀 수 없이 엉덩방아를 찧었을 거라고 예를 들어준다. 문제를 맞히고 틀리는 것보다 수업시간에 집중하고, 친구들과 사이 좋게 지내는 게 더 중요하다고 말해준다. 공부 결과보다 노력하는 과정이 더 중요하다고 말이다.

아이들에게 평가의 의미를 가르쳐주자. 아이가 시험 문제를 틀렸다고 의기소침해하면 "틀린 문제로 너는 배움을 얻어 성장하는 거야."라고 말해주자. 물론 아이가 결과가 좋은 평가지를 가져오면 기쁘고 결과가 좋지 않은 평가지를 가져오면 불안한 게 사실이다. 하지만 엄마의 불안감은 아이에게 아무런 도움도 되지 않는 부정적인 감정이다. 마음을 다스리고 긍정적 프레임으로 전환하여 아이가 모르는 것을 다시 공부할 수 있도록 하자.

티처맘 TIP
평가가 있는 날에는 아이도 긴장되고 불안할 수 있어요. 아이의 마음을 편하게 해주세요.

똑같은 책을
읽고 또 읽어도 괜찮다

KTX역을 지나다 우연히 북 콘서트를 보았다. 외국어 고등학교에 다니는 여학생이 나와서 자신에게 의미 있는 책이라며 『죽음의 수용소에서』를 소개하고 있었다. 외국어 고등학교에 입학하고 즐거운 고교생활을 기대하였지만, 기숙사 생활을 하면서 친구들과의 관계에 어려움이 있어 힘겨웠는데 이 책을 읽으며 이겨냈고 나아가 자신처럼 마음이 힘든 사람을 치료하는 정신과 의사가 되겠다는 꿈을 가지게 되었다고 했다.

논술을 잘 보기 위해 책을 읽은 게 아니라 삶을 살아갈 용기를 얻기 위해 읽었다는 여학생의 말이 인상 깊었다. 수년 간 학교 현장에서 아이들을 지켜보며 느낀 점이 있다. 성적 이 높은 아이들은 대체로 항상 손에서 책을 놓지 않는다는 점이다.

그렇다고 아이가 너무 책을 안 읽는다고 걱정할 필요는 없다. 책은 아이들 성적의 필요조건이긴 하나 충분조건은 아 니다. 의사이자 기생충 학자로 유명한 서민 교수 또한 책에 빠진 것은 고등학교 이후이며 시골 의사 박경철도 초등학교 5학년 때 친구 집에 놀라가서 친구 집에 있는 많은 책을 보 고서 책과 친해졌다고 한다.

그렇다고 아이가 스스로 책을 읽을 때까지 마냥 기다리지 는 말자. 어느 정도의 독서 환경을 조성해주는 것이 좋다. 일 단 아이 주변에 책이 많아야 한다. 환경 다음으로 중요한 것 이 아이의 관심사다. 아이가 똑같은 책을 반복해서 읽기도 하는데, 그럴 경우 말리지 말자. 자신의 관심사를 찾은 아이 가 그것을 자기 것으로 만드는 몰입 과정에 있는 것이니 격 려해주자.

첫째아이가 1년 동안 『마법천자문』만 본 적이 있다. 그때 나는 괜히 사줬다며 후회했다. 심지어 아이에게 다른 책도 좀 보라고 안 그러면 책을 버리겠다고 으름장까지 놓았다.

그런데 어느새 아이는 다른 책으로 자연스레 관심이 옮겨갔다. 평생 『마법천자문』만 볼 줄 알았는데 그런 일은 없었다.

언젠가는 첫째아이가 학교에서 한자 시험을 본다고 했는데 학교 일로 너무 바빠서 제대로 신경 써주지 못했다. 그런데 백점을 맞았단다. '몇 년 전 『마법천자문』을 그렇게 보더니…' 하고 내심 놀랐다. 만화책만 본다고 말렸던 과거의 내 행동이 생각나 아이에게 미안했다.

만화책만 읽고 책은 안 읽는다며 걱정하는 부모도 있는데, 나는 만화책에 대해 긍정적으로 생각하는 편이다. 첫째아이의 『마법천자문』 사건도 있지만, 둘째아이도 만화책과 얽힌 사건이 있기 때문이다.

유치원에 가지 않겠다고 떼쓰는 둘째아이와 매일 아침이 전쟁이어서 나는 둘째아이 6살 때 1년간 육아 휴직을 했다. 1년이 지나 복직하면서 아이도 유치원에 가야 했다. 그런데 아이가 또 안 가겠다고 울고불고 난리였다. 아이를 설득하느라 나도 진이 빠졌다. 잠시 떨어져 마음을 가라앉히는데 씩씩거리며 방에 들어갔던 아이가 갑자기 결의에 찬 눈빛으로 나와 내게 이렇게 말했다.

"엄마, 저도 유치원에 갈 거예요. 베베데빌도 어린이집 가잖아요."

『베베 데빌』은 둘째아이가 보던 만화책이다. 나는 그 만화책을 보는 게 항상 못마땅했다. 그런데 그 만화책이 둘째아이에게 용기를 준 것이다.

이제 나는 아이들이 만화책을 보아도 조급해하지 않는다. 때론 바쁜 엄마를 대신해 만화책이 아이들을 봐주고 있는 것 같아서 고맙기도 하다. 물론 만화의 종류는 학습만화로 제한하는 편이지만, 아이들이 워낙 보고 싶어 해서『좀비고』,『마음의 소리』같은 만화는 몇 권 사주었다. 아이들의 선택을 믿으며 말이다.

필독도서에 그리 얽매일 필요는 없다. 역지사지로 생각해보자. 어른의 필독서라며 30권을 정해주고 매일 한 권씩 읽으라면 어떨까? 좋아하는 사람도 있겠지만, 어떤 사람은 그 30권 중에 10권만 좋아할 수도 있다. 어떤 사람은 30권 모두 싫어할 수도 있다. 아무리 훌륭한 책이라고 해도 읽는 사람의 취향에 맞아야 한다.

아이가 책을 읽기 어려워한다면 방학기간을 활용해보자. 국어 교과서에 수록되어 있는 책이나 수학, 사회, 국어에서 배울 내용과 관련 있는 주제의 책을 찾아보고 읽어주면 학교 공부에 도움이 된다. 미리 책을 읽어서 아는 내용이 교과서에 있으면 아이는 수업에 흥미를 갖고 자신감 있는 태도로 집중할 것이다.

　다만 "지금 이 동화를 읽어야 해. 교과서에 나올 거야."라고 하는 순간 아이는 읽기 싫어질 수 있으니 주의하기 바란다. 은근슬쩍 "엄마가 이 동화를 읽으니, 참 좋더라." 하고 관심을 유도하며 자기 전에 읽어주는 정도가 좋다. 아이가 관심 없어 보여도 엄마 혼자 낭독하듯이 읽으면 된다. 아이는 무의식중에 듣고 있을 테니 말이다. 그러다 관심 있는 이야기가 나오면 다가올 것이다. 관심이 없어 보여도 포기하지 말고 꾸준히 하다 보면 언젠가는 아이가 반응하는 책이 생길 것이다.

티처맘 TIP
국어 교과서에 수록되어 있는 책이나 수학, 사회, 국어에서 배울 내용과 관련 있는 주제의 책을 찾아보고 읽어주세요.

스마트폰 사용에 대한
뜨거운 고민

어느 날 하교한 첫째아이가 스마트폰을 가지고 싶다고 졸랐다. 그 당시 아이는 인터넷이 되지 않는 폴더폰을 사용 중이었다. 아이가 스마트폰을 가지고 싶어 할까 봐 나도 폴더폰으로 바꾸었다.

스마트폰은 한 번 손대면 놓기가 쉽지 않은 물건이라 초등학교 1학년인 아이에게 쥐여주는 게 걱정되었기 때문이다. 그렇게 폴더폰으로 바꾸고 1년을 지냈다. 카톡도 하지 않고 말이다. 내게는 스마트폰을 보지 않고 아이의 눈을 보겠다는 신념이 있었다.

폴더폰을 사용한 1년은 다른 사람과 조금 다르게 살았던 것 같다. 사실 나는 생활하는 데 아무런 불편함이 없었는데 오히려 주변에서 더 내 휴대폰을 보고 놀라워했다. 꼭 변하는 시대에 맞추어서 최신 기기를 사용하지 않아도 일상생활에은 문제없이 잘 굴러갔다. 처음에는 카톡을 왜 하지 않느냐고 하던 친구들도 나의 뜻을 이해해주고 문자나 전화로 연락했다. 스마트폰을 사용한다고 해서 우리의 삶이 더 여유 있고 풍요로워졌을까?

요즘 삼삼오오 모여 있는 학생들을 보면 어른도 마찬가지이겠지만 전부 스마트폰 화면만 보고 있다. 학원차를 기다릴 때, 분식집에서 떡볶이를 먹을 때, 심지어 친구와 이야기할 때에도 아이들은 스마트폰 화면만 보고 있다. 친구와 눈 맞추며 시간 가는 줄 모르고 수다를 떨던 시대는 점점 멀어져 가는 것 같아 안타깝다.

아이들이 잘 자라고 있는 걸까? 아직 시대를 파악하지 못한 어른이 아이들의 세계를 이해하지 못하고 낡은 소리를 하고 있는 걸까? 4차 산업혁명, 플랫폼, 빅데이터 등 나오는 다른 세상에서 살 아이들에게 스마트폰은 꼭 필요한 도구일지도 모른다.

『스마트폰으로부터 아이를 구하라』의 저자 권장희는 〈세상을 바꾸는 시간, 15분〉 강연에서 미국 실리콘밸리에서 일하는 부모는 자녀 손에 스마트폰을 쥐여주지 않는다고 했다. 스마트폰을 너무 어려서부터 사용할 경우 전두엽이 파괴되어 창조적인 뇌 발달이 어렵기 때문이라고.

그뿐만 아니라 유해환경 노출도 문제다. 스마트폰을 사용하다 보면 내 의도와는 상관없이 자극적인 기사 장면을 보게 될 때가 있다. 그것을 본 아이들이 받을 충격이나 혼란은 매우 클 것이다. 실제로 초등학교 2학년 때 우연히 불법 영상물을 본 게 트라우마가 되어 전문상담가를 찾은 어른을 본 적이 있다.

술과 담배는 법적으로 연령을 제한하고 있고 건강을 해친다는 경고 문구도 있다. 그러나 스마트폰은 연령 제한도 경고문도 없다. 그러므로 아이들에게 스마트폰을 언제 사줄지를 신중하게 고민하고, 이미 사주었다면 올바르게 사용할 수 있도록 원칙을 정해주어야 한다. 또 아이 앞에서 스마트폰을 유용하게 사용하는 어른의 모습을 보여주어야 한다.

최근 연세대학교 최재붕 교수가 쓴 『포노사피엔스』를 읽고 혼란스러워졌다. 아이들이 어려서부터 스마트폰을 자주 접하게 해주어야 앞으로 시대에 잘 살아갈 수 있다는 게 책의 메시지였기 때문이다.

그동안 자제시키면 된다고 생각했는데 잘 사용하는 방법도 가르쳐야 아이가 뒤처지지 않는다니…. 안 사주고 못하게 하는 것도 어렵지만, 잘 사용하게 알려주는 것도 어렵다. 누가 연령에 맞는 매뉴얼을 줘서 그대로 따라 하기만 하면 얼마나 좋을까? 그런 매뉴얼이 나올 수 없는 건 그 매뉴얼대로 실천하기 어렵기 때문일 것이다. 스마트폰 때문에 부모와 자녀의 좋던 관계가 나빠지는 경우를 많이 보았다. 누군가가 실천 가능한 매뉴얼을 개발한다면 그 사람은 노벨 평화상을 받을지도 모른다.

이런저런 혼란 속에서 나는 일단 중립적인 선택을 했다. 스마트폰처럼 보이는 터치폰(일명 고3폰, 공신폰. 모양은 스마트폰과 흡사하지만 인터넷이 되지 않음)을 사주고 집에서 공기계나 태블릿을 이용하게 했다. 그러다 첫째아이가 6학년에 올라갈 즈음, 스마트폰을 사주었다. 이에 대한 자세한 이야기는 뒤에서 좀 더 다루겠다.

처음에는 스마트폰 사주는 것을 미루기만 했다. 하지만 아이에게 무조건 하지 말라고 주장할 수는 없었다. 스마트폰 사용 시기를 늦추는 것은 옳은 선택이라고 생각한다. 그러나 언제까지냐고 묻는다면 자신 있게 대답할 수 있는 부모가 많지 않을 것이다. 시대의 변화에 필수적인 기기인데 내 아이가 사용능력이 뒤처질까 싶은 염려도 있고, 스마트폰을 사달라는 아이의 요구도 만만치 않기 때문이다. 아마 많은 부모가 '뜨겁게' 고민하는 부분이리라.

티처맘 TIP

스마트폰은 연령에 따라 단계별로 허용해주면 좋습니다. 3세 이전에는 노출하지 않다가 이후부터 7세까지 뽀로로 영상이나 교육 영상을 보여줍니다. 이때 시간은 30분 정도로 제한합니다. 초등학교 저학년까지는 터치폰을 사주고 엄마 아빠 폰이나 태블릿을 사용하게 하세요. 이때에도 사용 시간은 제한합니다. 초등학교 고학년부터는 스마트폰 사용을 허락하되 목적을 분명히 하고 사용 시간을 정하세요.

반짝반짝 빛나는 꿈을
찾을 수 있도록

꿈은 아직 현실에 닿아 있진 않지만 언젠가 현실이 될 것을 믿기에 설렘을 준다. 또 꿈은 열정을 주고 동기부여를 해 준다. 꿈이 있는 사람은 넘어져도 일어날 수 있다. 꿈이 강력하게 이끌어주기 때문이다.

아버지의 권유로 교육대학에 입학한 학생이 있다. 그는 어느 날 학교 도서관에서 책을 읽고 작가의 꿈을 품었다. 교사가 된 이후에 월급을 압류당할 정도로 가정형편이 좋지 않았지만, 학교 일을 마치고 퇴근 후에는 글을 썼다. 출판사로부터 120번의 거절을 당했어도 끝까지 자신의 꿈을 믿었고 14년

만에『여자라면 힐러리처럼』이라는 작품으로 베스트셀러 작가가 된다. 그는 자신이 꿈꿔서가 아니라 아버지의 권유로 교사가 된 것이기에 교사를 그만두고 전업 작가로 살기로 한다. 그는 바로『꿈꾸는 다락방』,『리딩으로 리드하라』,『생각하는 인문학』등 다수의 베스트셀러를 쓴 작가 이지성이다.

시골 교회에서 음악을 접한 후 음대에 입학한 학생이 있다. 졸업 후 피아노 레슨을 시작하여 피아노 학원을 운영하며 지낸다. 그러다 우연히, 피아노 학원 경영을 잘하는 방법을 강연해달라는 요청으로 연단에 섰다가 설레는 자신을 발견한다. 가슴 뛰는 일을 직업으로 삼고 싶다는 마음으로 강사가 되었지만 생각만큼 잘 풀리지 않았다. 우연한 TV 출연으로 큰 호응을 얻어 이제는 대한민국 대표 강사가 되었다. 그녀는 바로 김미경이다.

아이가 스스로 꿈을 찾고 행복한 미래를 설계할 수 있도록 아이의 꿈을 사극하고 긍정적 프레임을 제시해주자. 다만, 꿈을 가지라고 강요해선 안 된다. 아이가 꿈을 찾을 때까지 기다려줘야 한다.

자기가 하는 일을 좋아하는 게 쉬울까, 좋아하는 일을 하는 게 쉬울까? 당연히 후자가 더 쉽다. 부모라도 아이의 잠재력을 다 알 수는 없다. 부모가 아이의 삶을 대신 살아줄 수는 없다. 부모는 아이가 좋아하는 것을 찾도록 도와주어야 한다. 그리고 아이가 좋아하는 것을 선택했을 때, 그것을 직업으로 삼아 행복하게 살 수 있도록 격려해주어야 한다. 설령 그 꿈이 엄마와 아빠가 생각하는 '사회적으로 성공한 직업'과 거리가 멀다 하더라도 말이다.

앞으로 어떤 사람이 되고 싶은지 아이와 소통하자. 무슨 일을 하고 싶은지, 좋은 영향력을 주고 싶은지, 다른 사람을 도우며 살고 싶은지, 예술적인 활동을 하고 싶은지, 어떤 회사를 차리고 싶은지, 좋아하는 회사에 입사하고 싶은지에 대해 가볍게 이야기해보는 거다. 그리고 "네가 무엇을 하든 너의 꿈을 응원한다."라고 말해주자. 아이가 꿈을 발견해 설레는 삶을 살 수 있도록 도와주자.

티처맘 TIP

아이들과 꿈에 대해 이야기하고 보물지도를 만들어보세요. 내가 바라는 꿈을 이룬 사람의 신문기사나 사진을 도화지에 붙이며 함께 꿈에 대해 이야기하는 시간을 가져보세요. 절대 아이의 보물지도를 대신 그려주지 마세요.

[참고 도서]
● 『보물지도』, 모치즈키 도시타카 지음, 은영미 옮김, 나라원(2017)
● 『존 아저씨의 꿈의 목록』, 존 고다드 지음, 이종옥 그림, 임경현 옮김, 글담 어린이(2008)

3장

방구석
자존감 수업
- 육아편

비교는
아이에게 상처만 남긴다

예전 초등학교 3학년 교과서에는 '울타리의 못 자국' 이야기가 실려 있다. 아이가 나쁜 말을 할 때마다 아빠는 아이더러 울타리에 못을 박게 하고 좋은 말을 했을 때에는 아이더러 그 못을 빼내게 했다. 그런데 못은 제거됐어도 못 자국은 그대로 남는다는 이야기다. 이 이야기에서 '못 자국'은 마음에 새겨진 상처(트라우마)와 관련 있다. 아무리 사소한 말과 행동이라도 아이가 상처를 받는다면 이후 상처를 다독여준다고 해도 상처가 없던 상태로 복구하기는 쉽지 않다.

나는 두 아이를 둔 엄마다. 나 또한 내 아이들에게 상처 주는 말과 행동을 한 적이 있다. 특히 유난히 컨디션이 좋지 않거나 학교 일로 지친 날 저녁에 화를 낸 적이 많다. 둘째아이보다는 첫째아이가 화를 내는 엄마 모습을 더 많이 보았을 거다. 감정적으로 화를 낸 다음에는 아이에게 꼭 사과를 하지만 아이 마음에는 이미 못 자국이 난 상태일 것이다. 그래도 흔쾌히 내 사과를 받아주는 아이의 마음이 참 넓다. 아이를 키우며 엄마도 함께 성장하는 것 같다.

부모가 저도 모르게 아이에게 주는 스몰 트라우마라고 하면 대표적으로 '비교'가 있다. 사랑하니까 더 잘됐으면 하는 마음에서 하는 비교일 테지만 말로 눈빛으로 아이의 마음에 상처를 입힐 뿐이다. 부모 세대는 비교에 익숙하다. '엄친아(엄마 친구 아들)', '엄친딸(엄마 친구 딸)'이라는 신조어가 생길 정도로 말이다.

아이에게 동기유발이 되길 바라서 무심코 내뱉은 옆집 아이, 친척 조카, 형제 간 비교의 말은 아이에게 스몰 트라우마가 될 수 있다. 오히려 아이에게 항상 다른 사람과 너를 비교할 필요가 없다고 말해줘야 한다. 다른 친구가 잘나 보인다고 비교할 필요 없고 네가 잘하는 것을 축복이라 여기라고 가르쳐야 한다. 다른 친구와 상관없이 너는 존재 자체로 소중하고, 엄마는 너를 가장 사랑한다고 계속 이야기해주어야 한다.

학교에서 다른 친구가 상을 받거나 칭찬받을 때 부러워하는 감정은 이해해줄 수 있다. 그 감정은 인정해주되 "그 친구가 그 상을 받기 위해 노력했으니 축하해주는 게 어떨까?"라고 포용을 권하는 게 좋다. 그리고 "엄마는 네가 상을 받지 않았더라도 너를 세상에서 가장 사랑해."라고 이야기해주자. 그러면 아이는 자신을 누구와 비교하는 대신 자신감이 단단해질 것이다.

그런데 이런 상황에서 "누구는 이번에 우수상 탔더라?"라고 말한다면, 아이는 어떤 생각이 들까? '나는 못 탔는데…. 엄마는 내가 상을 못 타서 속상한가봐.'라는 생각이 들 것이다. 친구가 상을 받을 때마다 상을 못 탄 자신과 비교하고 엄마 눈치를 보고, 상을 타더라도 뿌듯함보다는 엄마에게 칭찬받을 거라는 기대감이 먼저일 것이다. 아이가 엄마의 욕구 충족 도구가 되길 원하지 않는다면 비교해서 생기는 스몰 트라우마를 조심하기 바란다.

또 다른 스몰 트라우마도 조심해야 한다. 『엄마 반성문』의 저자 이유남의 강연 중 나온 이야기다. 엄마가 너무 겸손할 경우, 자칫 자기 아이를 남 앞에서 낮출 수 있는데 이 행동이 아이에게는 스몰 트라우마가 될 수 있다. 누군가 내 아이를 칭찬하면, "아니에요. ○○도 못하고 ○○ 못하고 그래요." 하고 아이 앞에서 엄마가 아이 험담을 하는 상황 말이다. "아이가 참 이쁘네요."라고 하면 "이쁘면 뭐해요. 자기 방은 엉망이에요. 정리정돈을 못해요."라고 하고, "아이가 참 인사성이 바르네요."라고 하면 "인사만 잘해요. 공부를 좀 잘하면 얼마나 좋아요."라고 하는 식이다. 벼는 익을수록 고개를 숙이는 게 미덕이라며 내 아이를 낮추는 것인데, 문제는 엄마의 말을 아이는 믿게 된다는 것이다.

혹시라도 겸손의 말버릇 때문에 아이 앞에서 아이를 낮추는 말을 했다면 집에 와서 반드시 바로잡아주어야 한다. "아까 ○○엄마 앞에서 엄마가 말을 잘못했지. 엄마는 겸손하려고 한 건데 그만 사실이 아닌 말을 하고 말았어. 엄마 말하는 습관이라 그러는데 고치도록 할게. 아까 한 말 취소! 공부를 잘하든 잘하지 않든 너를 사랑해."라고 솔직하게 사과해 아이의 기분을 풀어주어야 한다.

티처맘 TIP
누군가 나의 아이를 칭찬할 때에는 "칭찬 감사합니다. 앞으로 더 잘 키워볼게요. 댁의 아이도 참 멋집니다."라고 칭찬으로 돌려주세요.

단점 말고
장점을 찾는 연습

예전에 근무하던 학교에서 있었던 일이다. 교장 선생님이 새로 부임해서 아이들과 처음 방송조회로 만나는 날이었다. 교장 선생님은 자신의 장점 세 가지로 키가 작은 것, 당당한 것, 판단력이 빠른 것을 꼽으며 "키가 작은 것은 단점이 아니라 장점이라고 생각해요. 키가 작아서 좋은 점이 많거든요."라고 하셨다. 나중에 말씀하시기를, 키가 작은 것을 장점이라고 한 건 키가 작은 아이들에게 용기를 주기 위함이었단다.

며칠 후, 학년별로 교장 선생님과의 간담회 일정이 잡혔다. 이미 간담회를 마친 선생님을 통해 교장 선생님이 장점 세 가지를 물어본다는 이야기를 알게 되었다. 나와 같은 학년 선생님들은 각자 간담회 전에 장점 세 가지를 생각해오기로 했다. 그런데 하루 동안 생각해봤지만 나의 장점 세 가지가 떠오르지 않았다. 반면 단점 세 가지는 금방 떠올랐다. 끝내 나는 간담회 당일까지 장점 세 가지를 생각하지 못했다.

다행히 교장 선생님은 장점 세 가지를 묻지 않았다. 대신 서로의 좋은 점을 말하는 시간을 가졌다. 동료 선생님을 칭찬하는 것은 그다지 어렵지 않았다. 동료 선생님의 좋은 점은 많았으니까.

하지만 왜 나의 좋은 점은 찾지 못했을까? 이 일을 통해 내가 얼마나 나 자신을 칭찬하는 데 인색한지를 깨달았다. 타인의 장점은 잘 찾아 칭찬할 줄 알지만, 내 자신을 칭찬하는 데에는 익숙하지 않았다.

두 달쯤 지났을 때 숙제로 내줄 일기 주제를 고민하다 교장 선생님을 따라 해보기로 했다. 아이들에게 나누어줄 주간 학습에 이렇게 적었다.

- 수요일 숙제: 일기 쓰기
- 일기 주제: 나의 장점 세 가지

일기 검사를 하는 날, 유독 다른 때보다 설레는 마음으로 아이들의 일기를 읽어 나갔다. 대부분의 아이가 나와 같은 심정이었다. 처음에는 무엇을 써야 할지 몰랐는데 찾으니까 있더라는 거다. 그중 한 아이의 일기를 소개한다.

〈나의 장점 세 가지〉

2학년 이꽃님

나는 나의 장점에 대해 생각해본 적이 없다. 그렇지만 내 생활 속에는 내 장점이 있을 거라고 생각한다. 하지만 딱 세 가지를 고르려면 어려울 것 같다. 하지만 잘 생각해보면 있다.

나의 장점 첫 번째, 발표를 잘한다. 잘 생각해보면 나는 스스로 발표를 잘한다고 생각하지만 부모님도 내가 발표를 잘한다고 칭찬하신다. 나의 장점 두 번째, 상대에게 양보를 잘한다. 내 생활을 돌아보면 나는 태권도장에서 자리를 잘 양보한다. 나의 장점 세 번째, 키가 작다. 나는 키가 작은 게 장점이라고 생각한다. 다른 사람은 키가 큰 게 더 좋은 사람도 많지만. 이유는 낮은 동굴도 그냥 들어가고, 줄번호도 앞쪽에 서서다. 내 장점 중에 단점도 있지만 뭐든지 장점엔 단점이 있고, 단점엔 장점이 있는 법이다. 하지만 난 내 장점에 만족한다.

아이의 일기에는 교장선생님과 똑같이 키가 작은 것이 장점이라고 적혀 있었다. 어른의 한마디가 얼마나 중요한지 알 수 있다. 아이들이 자신의 장점을 고민 없이 당당하게 표현할 수 있도록 부모가 아이의 장점을 발견하고 말해주자. 자신의 장점을 많이 듣고 자란 아이는 자존감이 높아진다.

학부모 상담을 하면서 많은 학부모가 아이 장점보다는 단점에 주목하는 것 같다는 생각이 들었다. 물론 단점을 고치고 보완하는 것도 중요하다. 그렇지만 단점이 다른 사람에게 피해를 주는 것이 아니라면, 장점을 강화하는 데 더 신경 쓰는 게 좋지 않을까. 내 아이의 장점을 가장 먼저 발견해주는 사람이 되자.

티처맘 TIP
나의 장점 하나를 적어보세요. 그리고 나 자신에게 문자나 카톡을 보내 칭찬해주세요. 아이의 장점 하나를 적어보세요. 아이의 눈을 바라보고 장점을 칭찬해주세요.

훈육은 따끔하게
포옹은 따뜻하게

아이가 잘못했을 때 '먼저 안아주고 나서 지도하기'를 하면 좋다. 아이를 안아주는 것은 공감해준다는 표현이다. 하지만 그와는 별개로 고칠 부분은 고쳐야 하므로 지도는 필요하다.

친구와 싸우거나 위험한 장난을 한다면 안아주기를 생략하고 곧바로 지도해야 한다. 공감하며 안아주는 것은 중요하지만 공감만 강조할 경우 아이는 안하무인이 될 수 있다. 다른 사람에게 피해를 주는 행동에 대해서는 엄하게 제재해야 한다. '내가 존중받는 만큼 다른 사람도 존중받는 존재임'을 알려주어야 한다. 특히 아이가 다른 사람을 괴롭히는 행동을 못하게 가르쳐야 한다.

안아주기만 있어서도 안 되고 지도만 있어서도 안 된다. 다 받아주고 안아주면 버릇없는 아이가 될 것이고, 엄하게 지도만 하면 눈치 보면서 하라는 대로 하는 아이가 될 것이다. 어느 정도 한계를 정해 그 안에서는 안아주되 한계를 벗어나 잘못된 행동을 할 때에는 바로잡아주어야 한다.

교실 현장에서 거친 행동을 하는 아이들을 보면 크게 두 유형이었다. 부모가 너무 안아주다 보니 '독불장군이 된 유형'과 부모가 너무 통제하다 보니 '외부에서 분노를 표출하는 유형'이다.

독불장군 유형의 아이는 모둠활동을 할 때 자신의 의견이 받아들여지지 않으면 울어버리거나 활동 참여를 거부한다. 의견이 받아들여지지 않아 속이 상했더라도 자신의 의견은 접어두고 다른 아이의 의견을 존중해 함께 활동을 해야 하는데 자신의 의견만 주장하니 친구들이 좋아할 리 없다.

외부에 분노를 표출하는 유형의 아이는 친구들에게 괜한 일로 화를 낸다. 또는 정반대로 자기 통제를 하기에 바빠서 의견은 내지 않고 친구들 하자는 대로 하며 그냥 자리에 앉아있는 경우도 있다.

아이가 자신감이 떨어졌을 때에는 따뜻하게 감싸주고 남에게 피해를 끼치는 행위를 했을 때에는 엄하게 가르치자. '가슴은 따뜻하게 머리는 차갑게'라는 말이 있다. 아이를 따뜻한 가슴으로 대하되, 아이의 잘못된 행동에 대해서는 차가운 머리로 적절히 통제하자.

티처맘 TIP

먼저 안아주고 나서 지도하세요.

아이가 친구와 다투었다면 이렇게 말해보는 거예요. 친구에게 그런 말을 들으니 화가 났구나. (먼저 안아주기) 하지만 화가 난다고 때리면 안 돼. 다음부터는 선생님께 화난 이유를 말씀드리고 도움을 요청해보렴. (지도하기)

아이 '때문'이 아니라
아이 '덕분'에 화도 낼 수 있는 것

아이를 키우다 보면 아이한테 부글부글 화가 나는 상황이 없을 수 없다. 이때 참지 못하고 그 자리에서 화를 내면 아이는 공포에 떨고 엄마는 에너지가 소진되어 아이에게도 엄마에게도 좋지 않다.

나 또한 내 아이들에게 버럭 화를 낸 적이 있다. 그럴 때마다 사과하며 다신 그러지 말자고 반성하고 다짐했지만 그런 일은 계속 반복되었다. 어떻게 하면 내 아이들에게 화내지 않을 수 있을지를 고민했고 저명한 스님들이 쓰신 마음 다스리기 관련 책도 많이 읽어보았다. 여러 노하우를 적용해보았지만 큰 효과를 보지 못했다. 내가 직접 '나만의 화 다스리는 법'을 만들어보기로 했다.

내가 화를 조절하기 위해 만든 방법이 바로 'ATM'이다. 순간적으로 치미는 화를 가라앉히는 데 효과적인 방법이다. A는 'Angry'로 화를 알아차리는 것이다. 불이 나면 119에 신고하듯이 머릿속 비상경보기를 울려서 뇌에 '내가 화가 났음'을 알린다. 그러면 뇌는 'T'하도록 명령을 보낸다.

T는 'Think Thanks'로 감사해하기다. 아이 ' 때문에' 화가 난 것이 아니라 내 아이가 존재하는 '덕분에' 화가 난 거라고 받아들인다. 아이의 존재에 감사하는 것이다. 아이가 숙제를 하지 않는 것도 책가방을 챙기지 않는 것도 모두 아이가 존재하기에 가능한 일이다. 웃을지 모르지만 감사한 일이다.

M은 'Mind Control'로 아이의 존재에 감사하며 어떻게 화를 가라앉힐지 잠시 생각해보는 거다. 명상하듯 호흡하기, 잠시 산책하기, 클래식 듣기, 커피 마시기 등을 하며 마음을 가라앉히는 시간을 갖는다.

그렇다고 마인드 컨트롤로 끝내라는 말이 아니다. 마인드 컨트롤이 되었으면 아이에게 다가가 '나는'으로 시작하는 '나 화법'으로 말해보자. 예를 들어 "너는 왜 숙제 안 했니?"가 아니라 "나는 네가 숙제를 안 하니까 조금 답답해. 엄마는 일이 있으면 그것부터 해결해야 하는 성격인데 넌 하지 않으니, 엄마는 화가 나. 언제 시작할 수 있을까?"라고 말하는 것이다. 마인드 컨트롤 후 하는 말과 화난 상태로 하는 말은 말투, 성량, 어조 등이 확연히 다르다. 눈빛, 표정 또한 차이가 있다.

내 마음의 화를 인식하고 아이의 존재에 감사하고 마인드 컨트롤 후 엄마가 왜 화가 났는지 아이에게 설명하자. 화를 폭발시키지 말고 화의 원인을 감사로 바꾸어 화를 가라앉히고 왜 화가 나는지, 어떻게 해야 하는지를 아이에게 차근차근 설명한다면, 순간적으로 폭발시킨 화로 아이에게 상처를 주는 일을 줄일 수 있을 것이다.

티처맘 TIP

끼니 때 밥 말고 자꾸 라면을 먹으려는 아이에게 화가 난 적이 있는데, 이때 'ATM'을 적용해보았어요. 참고해서 화가 폭발하려는 상황에 처했을 때 활용해보세요.

'아이가 라면을 자주 먹으니 화가 나네?' 하고 화가 난 마음 상태를 알아차립니다(A). '내게 아이가 있으니 이런 일도 있는 거야. 내 아이가 건강하고 음식을 잘 먹으니까 이런 일도 있는 거지. 내 아이는 참 건강해서 감사하다.' 하고 감사할 이유를 생각합니다(T). 마인드 컨트롤 후 "엄마는 네가 라면을 자주 먹으면 건강이 나빠질까 봐 걱정돼. 오늘은 먹는데 다음부터는 자주 먹지 말고 우리 약속을 정하자. 한 달에 몇 번 정도 먹는 게 적당할까?" 하고 '나 화법'으로 대화를 이어나갑니다(M).

어찌할 수 없는 빈틈이라면
사랑으로 채운다

나는 20대 초반부터 정수리에 심한 탈모가 있었다. 콩을 갈아 먹어도, 탈모 전용 샴푸를 써도 전혀 나아지지 않았다. 나는 내 탈모를 미워하기 시작했다. 아침에 일어나면 손거울로 내 머리 상태를 체크하고 절망했다. 사람들이 무심코 던지는 '머리숱이 없다'는 한마디가 스트레스였고, 내 정수리를 보고 깜짝 놀라거나 찡그리는 사람을 볼 때마다 속상했다.

그러던 어느 날 친구가 홈쇼핑에서 보았다며 머리에 뿌리는 가루를 소개해주었다. 나는 마법의 가루를 사서 아침마다 뿌리고 출근했다. 사람들에게 머리숱이 많아졌다는 말은 들었지만 마법 가루를 들킬까봐 늘 조마조마했다. 잘못한 것도 없는데 말이다.

빈틈을 인정하자 비로소 채워졌다

그러다 어떤 날을 기점으로 생각이 바뀌었다. 그날은 퇴근 후 요가수업이 있는 날이었다. 요가 동작을 하다 보니 그 가루가 얼굴에 묻고 말았다. 당황해하는 내게 운동을 같이 하던 분이 아무렇지 않게 이미 알고 있었다며 괜찮다고 말했다. 창피해서 얼굴이 달아올랐다.

나는 왜 그리 숨기려 했을까? 그냥 '나는 머리숱이 없어서 마법의 가루를 뿌리고 있다'고 왜 솔직히 말하지 못했을까? 그냥 완벽해 보이고 싶었던 거다. 내 모습 그대로를 인정하지 못하고 더 잘나 보이고 싶었던 거다. 머리가 빠진 나의 모습을 있는 그대로 사랑하지 못했던 거다.

그날로 나는 마법의 가루를 버렸다. 그리고 정수리가 훵한 채로 당당하게 다녔다. 처음에는 그런 모습이 어색했지만 곧 익숙해졌고 처음 보는 사람이 머리숱에 대해 뭐라고 하면 아무렇지 않게 내 머리숱이 없음을 인정했다. 거울을 보며 남아 있는 머리카락에 고마워했다.

그렇게 마음을 편히 가지고 스스로를 인정하면서부터 기적이 일어났다. 아주 오랜 기간 탈모에 대해 스트레스받지 않고 남아 있는 머리카락에 고마운 마음으로 살았더니, 조금씩 빈 머리가 채워지기 시작했다. 모든 게 마음먹기라더니!

내가 머리가 다시 난 이유는 무엇일까? 빈틈을 부정하고 미워하고 가리려 했을 때 그 빈틈은 나를 더 불행하게 만들었다. 긴장하고 눈치보고 거짓말하는 나로 만들었다. 그런데 내가 그 빈틈을 인정하고 스스로에게 사랑과 감사를 불어넣어주자 비로소 내 마음은 평온해졌고 내 얼굴에도 평화가 찾아왔다.

아이의 빈틈을 이해주었을 때

아이에게 빈틈이 보이면 채우는 데 집중하지 말자. 그 빈틈을 인정하고, 아이가 가지고 있는 개성을 살리는 데 집중하자. 모두 다 잘하는 아이를 바라지 말고 타고난 개성을 발휘하는 아이로 키우자.

이와 관련하여 교사 연수에서 만난 선생님의 경험담이 떠올라 소개한다. 그 선생님은 아이들이 참 잘 따르는 선생님이었는데 어느 날 졸업을 앞둔 6학년 아이가 찾아와 이렇게 말했다고 한다.

"선생님, 선생님은 참 좋은데, 선생님 옆에 가면 숨이 막히는 것 같았어요."

깜짝 놀란 선생님은 '과연 나의 어떤 점이 아이를 숨이 막히게 했을까?' 하고 깊이 생각했고 자신의 실수를 깨달았다고 한다.

선생님은 아이가 자신을 찾아오면 더 잘되었으면 하는 바람에서 "너는 이 점만 고치면 훌륭한 것 같아."라고 말했단다. 그런데 아이는 '선생님이 오늘 가면 또 어떤 걸 고치라고 할까?' 하고 긴장했던 것이다. 그 일이 있고 나서는 아이들에게 고칠 점을 이야기하지 않았고, 어떤 선을 넘지 않으면 다 인정하고 포용해주었다고 한다.

아마도 부모 눈에는 다른 사람이 보지 못하는 빈틈이 보일 것이다. 하지만 그 빈틈을 미워하지 않았으면 좋겠다. 아이의 빈틈을 인정하고 사랑해주면 아이의 마음이 평온해질 것이다.

아이가 무엇이든 잘했으면 하는 게 부모의 마음이리라. 국어, 수학, 영어, 중국어, 과학, 한자도 잘하면서 운동도 잘했으면 좋겠고 악기도 잘 다루면 좋겠다. 어른을 공경하고 친구들과 잘 지내고 스스로 용돈 관리도 잘하고 정리정돈도 잘하면 좋겠다.

하지만 부모의 바람 때문에 아이가 빈틈을 인위적으로 가리려고 하는 거라면 다시 생각해보면 좋겠다. 아이가 스스로의 마음을 갉아먹으며 자신을 포장하는 데 에너지를 쓰게 하지 않았으면 한다. 그냥 아이가 못하는 부분은 인정하고 그 빈틈을 사랑으로 채워주자.

티처맘 TIP

아이가 자신의 빈틈 때문에 좌절할 때 어떤 말을 해주면 좋을까요? 아이는 부모에게 어떤 말을 듣고 싶을까요? 아이에게 "괜찮아, 엄마는 너를 사랑해"라고 말해주세요.

'숙제해!' 말고
'몇 시부터 숙제할래?'

사람이 로봇과 가장 다른 점은 감정을 지니고 있다는 것이다. 이세돌은 감정을 가지고 바둑을 두었지만, 알파고는 감정이 아닌 머리로만 바둑을 두었다. 억지로 공부시켜도 소용이 없는 것은 아이가 감정이 있는 사람이기 때문이다.

호기심은 최고의 동기유발

교사는 수업을 준비할 때 동기유발에 많은 신경을 쓴다. 40분 수업 중 5분 정도 차지하는 이 동기유발은 나머지 35분 동안의 학습을 위한 집중도와 흥미, 마음가짐을 결정한다.

그래서 수업에 차지하는 비중에 비해 많은 준비가 필요하다. 수업이 시작해도 아직 쉬는 시간의 소란스러움이 남아 집중하지 못하는 아이들에게 '이번 수업은 흥미로울 거야'라는 기대를 품게 해야 한다.

교생 실습 때의 일이다. 아이들 앞에서 처음으로 수업해야 한다고 생각하니 어찌나 긴장이 되던지…. 몇날 며칠 신경써서 열심히 준비한 수업이건만 아이들은 내 수업에 크게 흥미가 없어 보였다.

그런데 나와 같은 반에 배정받은 선생님의 수업에는 아이들이 처음부터 흥미를 보였다. 그 선생님은 아이들이 좋아하는 퀴즈로 수업을 시작했는데, 흥미가 자극된 아이들은 40분 수업 내내 집중했다.

동기유발은 아이의 의지에서 온다

수업이든 공부든 시작할 때의 마음가짐이 중요하다. 엄마가 아이에게 어떻게 하면, 공부해야겠다는 동기유발을 할 수 있을까?

아이에게 선택의 기회를 주면 좋다. 어떤 과목을 공부할지, 언제 얼마 동안 공부할지 아이가 선택하도록 한다. 자신이 선택한 일은 더 책임감을 가지고 실행하기 마련이다.

"TV 그만 봐!"가 아니라 "TV 본 지 얼마나 됐어? 10분 더 볼래? 20분 더 볼래?" 하고 아이가 선택하게 하자. 분명 아이는 20분을 선택할 테지만, 20분 후에는 분명 TV를 끌 것이다. 마찬가지로 "숙제해라."가 아니라 "숙제 몇 시부터 시작할래?"라고 물어보면 아이가 정한 시간에 숙제를 할 가능성이 더 높다. 아이가 그렇게 하기로 선택했기 때문에 그것 자체가 동기유발이 되는 거다.

배움의 즐거움을 알려준다

마음은 행동에 영향을 준다. 억지로 하는 공부보다 스스로 하는 공부가 훨씬 더 효과적이다. 아이에게 공부하라고 말하기 전에 아이의 마음이 어떤지를 살펴보자. 엄마가 아이에게 바라는 행동이 있다면, 어떻게 말을 해야 아이의 마음이 변할지 생각해보자.

부모는 아이가 잘되기를 바라는 마음에서 공부를 시키지만 지나친 강요가 되는 경우도 있다. 아이는 왜 공부해야 하는지도 모른 채 부모가 시키는 대로 따른다.

학부모 상담 중에 한 어머니의 질문이 기억난다. 아이에게 공부하라고 했더니 갑자기 아이가 "그런데 공부는 왜 하는 거야?"라고 물어서 순간 말문이 막혔다며 그럴 땐 어떻게 대답을 해주어야 하느냐는 질문이었다. 나도 그 말을 듣고 잠시 말문이 막혔다. 아이들은 왜 공부를 할까? 그에 대한 답이 있을까? 그 답은 아이 스스로 찾아야 할지도 모른다.

또 '공부'라는 것이 '학교 공부'만을 의미하는 것이 아니라 우리가 모르는 것을 찾아가고 알아가고 경험해가는 모든 것이라고 했을 때 공부는 학생만 하는 것이 아니리라. 교사와 학부모도 나아가 이 세상의 모든 어른이 공부해나가야 한다고 생각한다. 삶의 모든 것이 공부일 테니까.

나는 언제부턴가 책 읽는 게 재밌어졌다. '공부를 왜 하지?'와 비슷한 맥락으로 '책을 왜 읽지?' 스스로에게 물어보았다. 답은 간단했다. '그냥 재밌으니까'다. '공부는 왜 해야 하지?'라는 의문을 품는 아이는 수동적으로 공부하는 학생보다 자발적 학습능력이 잠재되어 있는 아이다. 그 이유만 찾으면 적극적으로 공부에 집중할 수 있는 아이이기 때문이다.

아이들이 '공부해야 하는 이유'를 스스로 찾아갈 수 있도록, 호기심이 생기는 것, 좋아하는 것, 잘하는 것, 의미 있는 것을 찾아주자. 좋아하는 것이 생기면 아이는 스스로 책상에 앉아 책을 펼칠 것이다. 어렵겠지만 배움의 재미와 의미를 알 수 있도록 아이가 좋아하는 것을 찾고 탐구할 수 있게 지켜봐주고 마음을 살펴주자.

인생은 마라톤이다. 오늘 당장 공부의 목적을 가르쳐주려 하지 말고 시간이 많은 초등학교 시절 조금 느긋하게 아이가 스스로 우리가 왜 공부하는지, 공부하면 뭐가 좋은지 답을 찾아갈 수 있도록 옆에서 따뜻한 관심을 가지고 아이를 지켜 봐주자.

티처맘 TIP
아이에게 공부하라고 말하기 전에 2초간 멈춰 아이를 살펴보세요. 아이의 기분이나 마음은 어떤지, 어떤 생각을 하는지를 잘 살펴보세요.

맑은 얼굴로 험한 욕을 하는 아이를 어떻게 해야 할까?

미국정신의학에도 정식 등재된 우리나라 특유의 증후군이 있다. 바로 화병이다. 영어로도 'Hwabyung'으로 표기한다. 가슴이 답답하고 숨이 막힐 듯하며, 뛰쳐나가고 싶고, 뜨거운 뭉치가 뱃속에서 치밀어 올라오는 증세와 불안, 절망, 우울, 분노가 함께 일어난다고 알려져 있다. 주로 가부장적인 가족 문화에서 주부가 겪는다고 알려져 있지만, 나는 아이들의 행복지수가 낮은 이유도 화병 때문이라고 생각한다.

화병은 자신의 욕구를 표현하지 못해 '화'라는 감정이 마음속에 억눌려 있기 때문에 생긴다. 아이의 마음에 화라는 감정이 똬리를 틀지 않도록 아이들의 욕구를 억누르지 말고 표출하게 해주어야 한다.

자신을 표현할 수 있는 가장 좋은 방법에는 여러 가지가 있겠지만, '말로 표현하기'가 가장 기본일 것이다. "말대꾸 하지 마", "어른들 말하는 데 끼어들지 마", "네가 뭘 안다고 그래?"라는 말을 들어본 적이 있는가? 대한민국은 어른의 말에 순종하는 아이가 예의바른 아이, 착한 아이로 여겨지는 유교 문화권이다. 부모 세대는 '어른에게 자신의 의견을 말할 경우 예의 없는 아이가 되어버릴 수 있다'고 생각해서 하고 싶은 말을 참는 게 익숙하다.

하지만 아이도 자신의 생각과 의견이 있는 인격체다. 게다가 지금은 다른 사람의 의견을 따르는 사람보다 자신을 표현하는 사람이 더 각광받는 시대가 아닌가. 물론 너무 버릇없이 어른에게 따지는 태도는 따끔하게 주의를 줘야겠지만.

부모는 아이가 의견을 말할 때 처음에는 거부감이 들더라도 잘 들어주어야 한다. 아이의 말에 경청하고 공감하는 태도는 아이의 자존감을 높인다. 부모가 먼저 경청하고 공감해주면, 아이도 다른 사람의 말을 경청하고 공감할 수 있다.

때로는 표출이 지나치더라도

혹시 아이가 욕을 해서 당황한 경험이 있지 않은가? 욕하지 말라고 윽박지르지 말고 '아이가 왜 욕을 하는 걸까?' 하고 아이 입장에서 한번 생각해보자.

누군가에게 배워서일 수도 있고, 깜짝 놀라는 주변 반응이 재밌어서일 수도 있고, 심리적 분노가 있어서일 수도 있다. 아이가 욕을 하고 싶어 한 마음을 알아주고 다른 건강한 방법으로 그 마음을 표출할 수 있게 해주어야 한다. 상처가 곪아 있는데, 계속 붕대로 덮어놓는다고 해서 고름이 없어지지 않는다. 고름을 짜주어야 비로소 새살이 돋고 아문다. 그 일을 가장 잘하는 사람이 바로 엄마다.

풍선에 바람을 넣으면 처음에는 터지지 않는다. 풍선이 바람을 감당할 수 없게 되면 뻥 터져버린다. 화도 마찬가지다. 내가 오늘 아이를 억눌렀다고 해도 당장 어떻게 되지는 않는다. 풍선이 터지는 데 걸리는 시간은 몇 분이지만 아이들이 터지는 데 걸리는 시간은 10년, 20년이 될 수도 있다. 당장 아무 일도 일어나지 않아서 부모는 괜찮은 줄 안다. 하지만 아이의 마음속에 자리 잡은 화가 크기를 부풀려 5~20년 후에 터져버릴지도 모른다. 그러니 부모라는 안전한 울타리 안에서 아이가 욕구를 표출할 수 있게 하자.

티처맘 TIP

아이가 잠들기 전에 엄마가 한 이야기 때문에 속상했던 일이나 혼날까 봐 하지 못한 말이 있는지 물어보세요. 아이가 편히 말할 수 있게 따뜻한 분위기를 만들어보세요. 종종 이런 시간을 가진다면 아이 안에 억눌린 분노가 밖으로 빠져 나오며 아이의 마음이 더 건강해질 거예요.

엄마 체온이 전해지도록
꼭 안아준다

TV에서 '철사 원숭이 실험'을 본 적이 있다. 한쪽은 철사 원숭이이고 우유를 준다. 다른 한쪽은 철사 원숭이이지만 부드러운 천으로 감싸여 있다. 아기 원숭이는 우유를 먹을 때에만 철사 원숭이에게 가고, 평소에는 부드러운 천이 덮여 있는 철사 원숭이에게 가 있었다. 먹이를 주는 것보다 안아주는 것이 더 중요함을 시사하는 실험이다.

언제부턴가 아이들이 학교에 올 때 '스퀴시'라는 장난감을 하나씩 가방에 넣고 왔다. 나는 처음에 이 장난감의 이름이 '스킨십'인 줄 알았다. 아이들은 이 장난감을 만졌을 때의 말랑말랑한 촉감이 너무 좋다고 했다. 그런 모습을 보며 '아이들이 따뜻하고 부드러운 스킨십을 바라는 게 아닐까' 하는 생각이 들었다.

따스한 엄마 품

내 아이가 나를 생각하면 어떤 느낌을 떠올릴까? 아이들이 나를 떠올렸을 때 '따뜻함'을 떠올렸으면 좋겠다. '내가 어떤 잘못을 해도 나를 온전히 받아줄 따뜻한 품'으로 여기면 좋겠다. 내게는 엄마를 떠올렸을 때 마음이 따뜻해지는 기억이 있다.

첫 번째는 '비 오는 날의 따뜻한 옥수수 식빵'이다. 초등학교 3학년쯤이었나? 매우 추운 비 오는 날이었다. 비가 오는 날이면 엄마는 항상 현관 앞에 수건을 깔아놓으셨다. 학교에서 돌아와 비에 젖은 발을 닦고 옷을 갈아입었다. 그런데도 아직 추위가 가시지 않아 조금 떨고 있을 때 엄마가 따뜻한 갓구운 옥수수 식빵을 주셨다.

나는 원래 식빵을 별로 좋아하지 않는다. 엄마는 빵집에 가면 많고 많은 빵 중에 항상 식빵만 고집하셨다. 가성비가 최고여서 그랬을 것이다. 그런데 그날 옥수수 식빵은 정말 맛있었다. 엄마의 따뜻한 손길처럼 느껴졌다. 딱 한 번의 그 경험이 크게 남아서, 나는 비 오는 날이면 옥수수 식빵이 먹고 싶어진다.

아이들에게도 이 이야기를 자주 해준다. 외할머니가 엄마 어렸을 때 비오는 날 옥수수 식빵을 사주었는데 너무 맛있었다고. 흥미롭게 이야기를 듣고는 마무리는 꼭 옥수수 식빵이 먹고 싶다며 같이 우산을 쓰고 빵집에 간다.

엄마에 대한 따뜻한 기억은 어른이 되어서도 아이의 마음속에 남아 있다. '나는 사랑받았다'라는 기억으로 차곡차곡 남는다. 그 기억은 아이의 자존감에도 영향을 준다. 아이에게 따뜻한 말, 추억, 행동으로 따뜻한 엄마의 기억을 선물하자. 아이에게 큰 힘이 될 것이다.

따스함을 전했을 때

누군가에게 따뜻하게 대하면 자신도 행복해진다. 몇 년 전 회식을 하는데 한 후배 교사가 나를 회식자리까지 태워다주고 회식이 끝나고는 집에도 데려다주었다. 그 친구는 나와 같은 학년 소속도 아니었고, 나와 많이 친한 편도 아니었다. 그런 그 친구가 베푼 친절에 나는 크게 감동했다.

다음 날 토스트용 식빵을 사러 빵집에 들렀다가 너무 예쁜 마카롱을 보고 그 후배 교사의 얼굴이 떠올랐다. 후배가 부담스러워할까 봐 잠시 망설였지만, 그 후배에게 보답하고 싶어서 마카롱을 샀다. 후배 교사 책상에 마카롱과 함께 짧은 메시지를 적은 카드를 올려두었다.

"어제 정말 고마워요. 덕분에 집에 잘 갔어요."

몇 분 후 그 후배 교사에게서 휴대폰으로 답장이 왔다.

"고마워요. 따듯하다. 따듯하다. 따듯하다."

나는 그 메시지를 본 순간, 행복의 호르몬인 세로토닌이 내 몸에서 퐁퐁 샘솟는 느낌이었다. 내가 누군가의 마음을 따듯하게 했다는 감격에 내 자존감이 높아지는 듯했다.

난로를 켜면 난로 주변의 모든 사물이 따듯해지듯, 내가 주변 사람에게 온기를 줄 수 있고 그럼으로써 나도 다시 따스함을 받을 수 있다.

그럼 우린 어떻게 따듯한 엄마가 될 수 있을까? 마음을 따듯하게 내면 된다. 난로가 따듯해지려면 불을 켜면 되고, 집이 따듯해지려면 보일러의 스위치를 켜면 되듯이, 우리는 누구나 따듯해질 수 있는 스위치를 지니고 있다. 따듯한 말을 하고, 아이의 말에 따듯하게 반응하고, 아이와 따듯하게 스킨십하고, 아이를 따스한 눈으로 바라보자.

혹시 먹고사는 데 바빠서 아이가 놀아달라고 다가오면 '이

거 해야 해', '저거 해야 해', '쉬고 싶어'라며 밀어낸 적은 없는가? 그랬다면 오늘 하루만큼은 아이를 따뜻하게 안아주는 엄마 아빠가 되기를 바란다. 오늘이 아이들이 평생 기억하는 하루가 될지도 모른다.

티처맘 TIP

오늘 아이를 꼭 안아주며 사랑을 표현해주세요. 또 잠시라도 아이에게 따뜻한 추억을 선물해보세요. 함께 핫케이크를 구워도 좋고, 호떡을 만들어 먹는 등 추억을 쌓아보세요.

내성적인 아이는
글로 속말을 하게 한다

학교에서는 다양한 아이를 만날 수 있는데, 그중에는 수줍음이 많아 발표도 잘 안 하고 조용한 아이들이 있다. 그런 아이들의 일기나 독서록을 보다가 깜짝 놀란 적이 많다. 아이의 머릿속에 이렇게 다채로운 생각이 있는지 글을 읽기 진까지는 몰랐기 때문이다.

말하기와 글쓰기를 둘 다 잘하면 좋지만, 그것이 어렵다면 글쓰기 능력을 우선 길러주는 게 좋다. 글쓰기로 자신의 생각을 표현하는 데 성공하면 그 성취감이 자연스레 말하기로 이어지기 때문이다.

글쓰기 능력을 기르려면 자신의 생각이 뚜렷해야 한다. 이 래도 되고 저래도 되는 게 아닌, 확고한 생각이 있어야 이를 글로 옮겨 간결하고 설득력 있게 전달할 수 있다. 평소 부모와 자주 대화하고, 다양한 경험을 쌓아 시야를 넓혀 자신의 틀을 깨트려 생각의 그릇을 점점 더 크게 만들어야 한다. 이때 경험을 늘리는 데 독서만한 것이 없다.

나는 사실 초등학교 때 어머니가 사준 전집 말고는 중학교 올라가서 책을 읽은 기억이 거의 없다. 아마 『죽은 시인의 사회』와 『상록수』가 중학교 독서 이력의 전부일 거다. 책을 읽는다고 시험 성적이 오르는 게 아니니 굳이 할 필요가 없다고 생각했다. 책을 읽는 대신 암기과목을 공부하거나 수학문제를 풀었다. 그러니 글을 읽고 해석하는 능력이 발달할 리 없었다.

내가 읽는 재미를 알게 된 건 고등학교 때 우연히 시를 읽고 토론하는 문학 동아리에 가입하면서부터다. 짧은 시에 대해 음미하는 시간을 1주일에 한 번 가졌는데, 어느새 언어영역의 시 문제가 쉬워졌다. 시를 해석하고 문제를 푸는 데에 대한 두려움이 사라진 것이다. 시에 자신감이 붙으니 다른 부분까지 관심이 확장되었다.

지금 생각해보면 시를 읽고 '생각하는 시간'을 '충분히' 가졌기 때문이었던 것 같다. 문학 동아리는 내게 입시 위주의 재미없는 고등학교 생활 속에서 오아시스 같은 존재였다. 지식을 주입만 하다가 생각해보고 또 그것을 말로 표현하는 시간이 즐거웠다.

초등학교까지는 공부의 압박이 많지 않다. 특히 저학년 때는 시간이 많으니 독서하기 참 좋은 시기다. 예전처럼 등수로 학생들을 평가하는 제도도 없으니 압박이 덜한 초등학생 시기에 풍부한 독서로 머리를 살찌우면 좋겠다.

티처맘 TIP
아이가 책을 읽지 않는다고 금방 포기하지 말고 꾸준히 노력해보세요. 서점에 가도 좋고 도서관에 가도 좋습니다. 초등학교에 다니는 동안, 독서만은 놓치지 마세요.

아이마다 다른 성향,
최고의 스타일리스트는 엄마

스타일리스트는 주로 연예인의 옷을 코디하거나 스타일을 연출해주는 사람이다. 아이의 옷을 코디해주라는 말은 아니다. 아이에게 맞는 스타일을 찾아 키우라는 말이다.

형제자매라도 스타일은 다르다

같은 뱃속에서 나온 아이라도 스타일이 다르다. 첫째아이는 자유로움을 추구하는 스타일이고 둘째아이는 FM 스타일이다. 첫째아이에게 '숙제 먼저 하고 놀기'라는 규칙은 스트레스가 된다. 몇 번 습관을 잡아보려고 노력해보았지만 소용이 없었다. 오히려 노는 아이에게 '숙제를 몇 시부터 할 수 있느냐'고 물어 숙제할 시간을 스스로 정하게 하는 편이 효과적이었다. 반면 둘째아이는 숙제하란 말을 하지 않아도 스스로 한다.

둘은 책 읽는 스타일도 다르다. 첫째아이는 다독을 한다. 두루두루 많이 읽어서 어떨 땐 나보다 지식이 해박해 깜짝 놀랄 때가 있다. 둘째아이는 정독한다. 그것도 한우물만 판다고 할까? 책이 재미있으면 똑같은 책을 옆구리에 끼고 읽고 또 읽는다. 토이스토리, 파워레인저, 터닝메카드, 포켓몬…, 빠지는 대상은 주기적으로 바뀌었다. 둘째아이는 7살까지 한글을 못 떼서 내 속을 태웠는데, 수백 마리의 포켓몬 캐릭터 이름을 읽어달라고 했을 때는 정말 미치는 줄 알았다. 그래도 포켓몬 캐릭터를 외운 게 도움이 되었는지 학교 받아쓰기에서 늘 백점을 맞았다.

남매도 이렇게 다른데 교실에 있는 아이들이 저마다 스타일이 다른 건 당연하다. 활동적이고 적극적인 아이가 있는가 하면 조용하고 소극적인 아이가 있다. 나는 소극적인 아이에게 '더 적극적이 되어라', '너도 나가서 놀아라' 하고 강요하지 않는다. 대신 그 아이가 잘하는 게 무엇인지 관찰한다. 그림 그리기를 좋아하면 그림을 칭찬하고, 글쓰기를 좋아하면 글을 칭찬했다. 아이 각자의 스타일을 존중해주려 한 것이다.

발표가 두려워진 아이

나는 학창시절에 '내성적이고 발표력이 없는 아이'였다. 나의 첫 발표는 유치원 때 동화구연대회였다. 내 앞 순서 친구들은 동화를 외워서 현란한 손동작으로 발표를 잘했다. 나는 외운 내용을 까먹을 것 같아서 어머니에게 발표 내용을 적은 종이를 보고 읽어도 되냐고 물었다. 어머니도 속이 상하셨을 텐데 내게는 내색 않고 웃으면서 그래도 된다고 하셨다. 나는 종이를 보면서 덜덜 떨며 발표했다. 그때 객석에서 들린 "저 아이는 왜 보고 읽어?"라는 말이 참 상처로 남았나 보다.

난 항상 발표만 하려고 하면 머릿속이 하얘지면서 온몸이 떨렸다. 중학교 때 한 명씩 돌아가면서 발표하는 시간이 있었는데 나는 끝까지 손을 들지 않았다.

발표는 싫어했어도 그림 그리기와 글쓰기는 좋아했다. 초등학교 3학년에 시를 써서 낸 적이 있는데, 담임선생님이 너무 잘 썼다며 학교 신문에 싣자고 하셨다. "어떻게 이렇게 시를 잘 쓰니?"라는 한마디가 나를 춤추게 했다. 그때 이후로 나는 글쓰기에 자신감이 생겼다.

정목 스님이 SBS 〈아이러브 인〉에서 강연하던 중 "소심한 아이들의 성격을 어떻게 고쳐주어야 하죠?"라는 질문에 대한 답이 기억에 남는다. 정목 스님은 "왜 고쳐주어야 하죠?"라는 질문으로 답했다. 아이의 스타일을 존중하고 살려줄 때 그 아이는 빛이 나고 매력적인 아이가 된다.

티처맘 TIP
내 아이는 어떤 스타일인가요? 내가 살려줄 수 있는 내 아이의 스타일이 무엇인지 적어봅시다.

세상에서 내 아이를
가장 잘 아는 사람

『프랑스 아이처럼』이라는 육아서는 출간되자마자 베스트셀러에 오르며 엄마들 사이에서 화제였다. 얼마나 내용이 좋기에 칭찬 일색인지 궁금해 안 살 수 없었다. 책을 읽는 내내 '맞아, 맞아', '프랑스 엄마들은 참 대단하군!' 하고 감탄했고 '이건 따라 해봐야지', '저것도 따라 해야지' 하면서 밑줄을 쫙쫙 그었다. 책을 덮으며 내 아이들에게 당장 프랑스 엄마처럼 해봐야겠다고 다짐했다.

그날부터 나는 책에서 나온 대로 아이들 간식은 하루 2회로, 장난감 구입은 한 달에 1회로 제한했다. 아이들은 갑자기

변한 엄마의 모습을 낯설어했다.

작은아이와 문구점에 갔을 때의 일이다. 좋아하는 로봇을 발견한 작은아이가 사달라고 졸랐다. 나는 책에 나온 프랑스 엄마처럼 아이에게 설명했다.

"안 돼. 한 달에 한 번만 살 수 있어. 매월 17일에 사기로 했고 오늘은 17일이 아니야."

나 스스로 잘하고 있다며 뿌듯해하는데, 작은아이가 떼를 썼다. 이럴 때 요구를 들어주면 아이는 원하는 것이 있을 때마다 떼를 쓰므로 들어주면 안 된다고 책에 나와 있다. 그래서 나는 사주지 않았다. 그때부터 아이와 나의 싸움이 시작되었다.

지금이 이 아이의 고집을 꺾는 중요한 시점이라고 생각하니 길에서 아이와 싸우는 나를 힐끔거리는 시선도 견딜 수 있었다. 우는 아이가 너무 불쌍해 보였는지 지나가는 할머니가 아이에게 사과를 하나 건네주고 갔다.

나는 원래 일정대로 우는 아이를 억지로 데리고 쇼핑몰에 갔다. 거기서 그만 큰 사고가 날 뻔했다. 아이도 나도 힘이 빠져 에스컬레이터에서 넘어져버린 것이다. 나는 정신을 차리고 아이의 마음을 이해해주었다.

"정환이가 정말 그 장난감이 너무나 갖고 싶구나."

아이는 간절한 눈빛으로 말했다.

"네, 내가 너무 갖고 싶어 하던 거예요."

"그래, 엄마가 네 마음을 너무 몰랐구나."

나는 반은 포기하고 반은 영혼이 나간 상태로 장난감을 사러 다시 문구점에 갔다. 문구점 주인은 결국 이럴 거면 아까 사주지 그랬냐는 눈빛으로 물건을 건네주었고 안쓰러웠는지 천 원을 깎아주었다.

몇 년이 지난 지금 우리 아이는 어떻게 되었을까? 장난감 살 때마다 떼쓰는 아이가 되었을까? 아니다. 절제력이 대단하고, 집중력도 좋고, 약속을 잘 지키는 아이다. 장난감을 사는 시기도 한때였는지 이젠 장난감 가게에 가도 시시하다며 빈손으로 나온다. 그런 아이를 보면 가끔 그날의 처절했던 싸움이 허무해 웃음이 난다.

어떠한 육아서도 육아 전문가도 내 아이를 잘 알지 못한다. 내 아이의 성격, 특성, 환경 등을 가장 잘 아는 것은 엄마다. 내가 좋은 엄마라는 것을 나 스스로 믿지 못해서 그런 일이 일어난 게 아닐까.

그렇다고 해서 다른 이들의 조언은 필요 없다는 말은 아니다. 그들의 의견 중 좋은 것은 해보고 정말 노력해도 아닌 건 나와 아이한테 맞지 않은 것이니 하지 않아도 된다는 말이

다. 모든 것을 다 잘하려는 욕심이 내 아이 그리고 나 자신을
더 힘들게 할 수 있다.

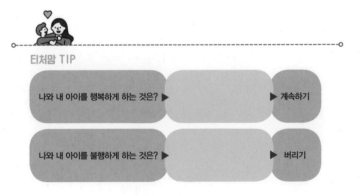

티처맘 TIP

나와 내 아이를 행복하게 하는 것은? ▶		▶ 계속하기
나와 내 아이를 불행하게 하는 것은? ▶		▶ 버리기

아이와 함께 꼭 지킬
규칙 하나를 정한다

〈EBS 다큐프라임 – 아이의 사생활 3부 자아존중감〉을 보면 자존감을 높이는 핵심은 '작은 성공의 경험'이라고 나온다. 가정에서 아이와 원칙을 한두 가지 정해두고 그것을 지키면서 작은 성공을 경험함으로써 아이의 자존감이 향상된다는 것이다.

어떤 규칙을 정해 실천하기만 하면 자존감이 향상될 수 있다니 안 해볼 이유가 없다. 나는 '영어 노출'과 '스마트폰 사용'과 관련된 규칙을 세우고 아이들이 지키도록 했다.

규칙1. 영어 노출

첫째, 집 안에서 하루에 한 번은 영어 노출을 해주기로 했다. 나는 아이를 키우면서 학교에서 받는 영어수업 이외에 방과후에 어떻게 하면 영어를 재미있고 효율적으로 공부할 수 있을지를 고민해왔다. 서점에서 영어공부 관련 서적들을 보다가 '엄마표 영어 관련 책'을 몇 권 읽게 되었고, '영어 책 읽기와 영어 DVD 시청'이 방과후에 할 수 있는 괜찮은 영어 공부법이라고 판단했다. 처음에는 의욕적으로 엄마표 영어를 실천했지만 지금은 영어 책 읽어주기, CD 틀어주기, DVD 틀어주기, 영화 OST 틀어주기, 팝송 틀어주기 중 하나를 실천하는 데 만족한다.

큰아이가 초등학교 3학년인 겨울방학 때 해리포터 DVD 세트를 구입해 한글 자막 없이 보여주었다. 둘째아이는 보자마자 빠져들었는데 첫째아이는 좀 보다가 방에 들어가기에 관심이 없는 줄 알았다. 그런데 며칠 후 "엄마, 제발 한글 자막 좀 보여주세요. 무슨 말인지 하나도 모르겠다고요!"라고 하는 게 아닌가. 몇 번 정도 한글자막을 보여주고 나서 영어 자막을 틀어주니 아이가 잘 보았다.

큰아이는 영어 책과 DVD로만 영어를 접했는데, 5학년이 되면서 스스로 영어 학원에 보내달라고 하는 게 아닌가.

영어 학원에 가서 원어민 선생님과 대화하고 친구들과 영어 게임도 하면 나쁘진 않을 것 같았다. 따로 문제를 풀리지도, 듣기 평가나 쓰기를 가르쳐본 적도 없어서 성적은 크게 기대하지 않았는데 아이의 레벨 테스트 결과는 내 예상보다 괜찮았다(물론 학원에서는 부족하다고 말했음). 놀라운 건 쓰기, 말하기는 평가 결과가 높지 않은 데 비해 듣기 평가 성적이 좋았다는 거다. 나는 그 결과를 확인하고 엄마표 영어가 잘되어가고 있다고 생각했다.

듣기, 말하기, 읽기, 쓰기 순서로 언어 발달이 이루어진다는 점을 감안하면 잘되어가고 있는 거였다. 듣기가 잘되면 말하기가 될 것이고 그다음으로는 읽기가 될 것이고 가장 마지막에 쓰기가 될 것이니까. 말하는 것도 중요하지만 다른 사람의 말을 알아듣는 것도 중요하다. 말하기는 회화책을 보고 할 수 있지만 듣기는 회화책으로 공부한다고 느는 게 아니다. 나는 아이의 듣기 실력이 괜찮다는 말을 듣고 내심 기뻤다.

이후로 아이가 꾸준히 학원을 잘 다녔으면 좋았겠지만, 몇 군데 학원을 옮겼고 나는 조금씩 지쳐갔다. 6학년 진학을 앞둔 어느 날 아이가 진지하게 말했다.

"엄마, 이렇게 DVD로 공부하는 건 아닌 거 같아. 나는 중

학교도 가고 앞으로 시험도 봐야 하는데, 학원에 가서 공부하는 게 맞는 거 같아."

나는 "아니야, 이렇게 하다 보면 금방 눈에 띄지는 않아도, 나중에 더 즐겁게 영어 공부할 수 있어."라고 설득했다. 하지만 사실 아이 말이 맞나 싶어 결심이 흔들렸다.

며칠 고민 끝에 아이의 의사를 존중해 학원을 보냈다. 어렸을 때부터 영어 학원에 보낼 걸 그랬나 하는 후회와 그동안 노출시킨 영어가 어딘가에 저장되어 있을 거라는 희망 사이에서 복잡 미묘한 감정이 들었다.

하지만 분명한 사실은 과거는 이미 지나갔고 앞으로 어떻게 하느냐가 중요하다는 것이다. 나는 아이를 믿고 발전적 방향을 모색하기로 했다.

아이 친구들 중에는 수능 영어를 풀 정도로 잘하는 아이도 있는지, 첫째아이는 자신이 영어를 못한다고 생각했다. 나는 아이가 그렇게 생각하고 있다는 데 충격을 받았다. 아이의 영어 실력보다 아이의 자신감을 회복시켜주는 게 중요했다. 나는 첫째아이와 진지한 대화를 나누어 지금부터 해도 늦지 않았다고 확신을 주었다.

쓰기는 학교에서 배우는 영어 교과서에 담긴 문장이나 단어 정도로만 공부하고, 지금은 책읽기에 집중하고 있다. 쓰기는 금방 나타나는 것이 아니다. 우리가 한글을 배울 때 가장 마지막에 쓰기에 들어가는 것처럼, 급하게 마음먹지 않기로 했다. 멀리 보고 천천히 가기로 했다.

방과후 영어교육으로 엄마표이냐 학원이냐를 두고 계속 갈등했다. 그러다 어느 날부터 중요한 건 엄마표 영어이냐 학원 영어이냐가 아니라고 결론 내리고 갈등하기를 멈췄다. 엄마표 영어가 필요할 때가 있고 학원 영어가 필요한 때가 있다. 혹은 그 밖의 방법이 필요할 때도 있다. 그것은 아이와 엄마의 성향과 상황에 맞게 함께 조율해나가면 된다. 내 아이에게 지금 필요한 것이 무엇인지는 아이와 엄마가 가장 잘 알고 있기 때문이다.

규칙2. 스마트폰 사용

스마트폰 사용은 하루 1시간으로 정했다. 내가 일방적으로 정한 것이 아니라 아이들과 함께 협의하여 정한 것이다. 30분으로 했더니 아이들이 너무 힘들어했고, 자유롭게 해보도록 했더니 아이들이 언제 멈춰야 할지 알 수 없어 우왕좌왕했다. 그래서 다함께 모여 이야기를 나누어보고 하루 1시간으로 제한하게 된 것이다.

물론 약속한 사용 시간을 가끔 어기기도 한다. 하지만 규칙을 가끔 어기고 스마트폰을 사용하는 것과 아무 기준 없이 사용하는 것은 차이가 있다. 함께 규칙을 정했기 때문에 아이들은 자신이 규칙을 지켰을 때 "나 대단하지?", "나 시간 잘 지키지?", " 나 절제해서 잘 사용하지?"라며 스스로를 뿌듯해하며 칭찬해달라고 한다. 나는 그때 웃는 얼굴로 '엄지척'을 해주며 고맙다고 말한다.

규칙을 세우는 것은 아이를 감시하고 통제하려는 것이 목적이 아니다. 아이가 바른 생활을 할 수 있도록 돌보고, 유해 환경으로부터 아이를 보호하는 것이 목적이다. 이에 대해서는 아이에게도 잘 설명해주자.

나는 두 가지 규칙을 세웠지만 그보다 많이 세워도 괜찮다. 하지만 너무 많은 규칙을 정해놓으면 지키기 힘들고 지키지 못하면 죄책감이 들 수 있다. 처음에는 쉽게 지킬 수 있는 규칙을 정하여 해냈다는 작은 성취감을 아이에게 선물해주자.

부모와 아이가 모두 '감당할 수 있는 규칙'을 세워 '꾸준히' 실천하는 게 중요하다. 얼마나 많고, 대단한 규칙을 정했느냐가 중요한 게 아니다. 감당할 수 있는 규칙을 정하여 꾸준히 체크하자. 체크리스트를 만들어서 활용해도 좋다.

하다 말다 하거나 가끔 귀찮아서 며칠 놓치다 보면 그 규칙은 온데간데없어진다. 잘 지킬 수 있을지 자신 없다면, 쉬운 것으로 딱 한 가지를 정해 지켜보자. '다른 건 못했어도 이것만은 내가 했다'는 데에서 아이가 성취감을 느낄 수 있도록 말이다.

티처맘 TIP

아이와 상의하여 나와 아이가 모두 행복해질 규칙을 써보세요. 우선 한 가지를 정해 꾸준히 실천해 습관으로 만들어보세요. 규칙을 지키는 나날이 계속될수록 자존감이 올라갈 거예요.

4장

방구석 자존감 수업
– 엄마 습관편

기다림
- 아이는 자신의 속도에 맞춰 성장한다

초등학교 교사가 되기를 결심하고 교육대학교 논술을 준비하며 처음으로 교육이론서를 읽었다. 그 책에 나온 '줄탁동시'라는 단어는 내게 교육자의 역할이 무엇인지를 깨닫게 했다.

줄탁동시는 병아리가 알을 깨고 나올 때 어미닭이 밖에서 같이 쪼아주어야 한다는 뜻이다. 여기서 동시에 쪼아주는 것이 핵심이다. 기다리지 못하고 어미닭이 먼저 알을 쪼아버리면 병아리는 건강하게 태어나지 못하기 때문이다.

『엄마의 자존감 공부』의 저자 김미경의 강연을 들은 적이 있다. 김미경의 아들은 예고를 다니다가 갑자기 자퇴를 하고 방황하는 시간이 있었는데, 그녀는 낮 3시에 일어나 새벽 3시에 귀가하는 아들을 위해 새벽 3시에 저녁 밥상을 차려줬다고 한다. 남편이 밤중에 뭐하느냐고 소리를 질러도 아들이 자퇴로 인해 떨어진 자존감을 회복할 때까지 기다려준 것이다.

답답할 때마다 베란다에게 가서 소리를 지르며 울었지만, 아들 앞에서는 언제나 밝은 모습을 보여주려고 노력했으며 아들이 무기력증을 뚫고 나와 의지가 생길 때까지 기다렸다고. 지금 아들은 자기가 원하는 음악을 하면서 행복한 생활을 하고 있다고 한다. 그리고 끝까지 믿고 기다려줘 고맙다며 직접 만든 음악과 손편지를 건넸다고. 그 음악을 들으며 뜨거운 눈물을 흘렸다고 한다.

아이를 키우면서 기다림이 필요함을 알지만 인내하고 기다려주는 것은 참 어려운 일이다. 기다림은 기저귀 떼는 것부터가 시작인 것 같다. '왜 빨리 안 떼느냐'부터 '왜 걷기 연습을 시키지 않느냐', '혼자 먹는 습관을 들여야 하지 않느냐' 등 주변에서 이런저런 말이 들려서 기다림이 힘들어진다. 나는 천성적으로 성격이 느긋해서인지 아이가 '빨리빨리' 해내길 바라기보다 기다려줬다. 두 아이 모두 남들보다 빨리 한 것은 없지만 지금까지 큰 문제없이 컸다.

아이는 제 속도대로 성장하고 있는 것

부모의 기다림을 방해하는 가장 큰 요소는 바로 '다른 사람의 속도'다. '내 아이의 속도', '내 아이의 상태'를 가장 고려해야 하는데 다른 사람의 속도와 비교하기 때문에 조급증이 밀려오는 것이다.

'세상에 하고 싶은 일만 하는 사람이 몇 명이나 있다고…. 기다리다 뒤처지면 어쩌나?'라고 생각하는 사람도 있을 것이다. 반대로 생각해보자.

왜 세상에 하고 싶은 일만 하는 사람은 적을까? 어렸을 때 내가 하고 싶은 일이 무엇인지 고민하고 선택하는 시간을 충분히 가지지 못해서가 아닐까? 그냥 남들이 하는 대로 따르는 삶을 살다 보니 내가 정말 좋아하고 원하고 잘하는 것을 찾을 생각조차 못하는 게 아닐까? 원치 않는 일을 하는 사람이 다수라고 해도 내 아이만큼은 아이가 원하는 일을 하며 행복하게 살 수 있도록 도와주어야 하지 않겠는가.

중요한 건 방향이지 속도가 아니다. 아이는 자신의 속도대

로 잘 크고 있다. 옆집 아이, 뒷집 아이, 친척과 비교하지 말
고 아이가 꿈을 찾을 때까지, 원하는 것을 생각할 때까지 기
다려주자.

티쳐맘 TIP

아이의 마음 깊은 곳에서 끓어오르는 자기 주도적 학습은 아이 스스로 찾은
꿈이 있을 때 가능합니다. 아이가 아직 꿈이 없다면 다양한 경험을 제공해 스
스로 꿈을 찾을 수 있도록 도와주세요.

이해
-아이의 속마음에 귀를 기울인다

이해는 영어로 'understand'다. 아래(under)에 서는(stand) 것, 즉 그 사람의 아래에 서서 바라본다는 뜻이다. 다시 말해 나를 낮추고 그 사람의 입장이 되어서 생각해보는 것이 이해다. 상대방이 왜 그런 행동을 했는지를 이해하면 마음의 갈등이 줄어든다.

매사 삐딱했던 아이의 속마음

초임 교사 때 일이다. 내가 말하는 족족 토를 달고 따지거나 불만을 내비치는 아이가 있었다. 꾸짖기도 하고 조용히 불러서 타이르기도 했지만 아이의 행동은 달라지지 않았다. 어느 순간부터는 또 무슨 말로 내 말을 받아칠까 신경 쓰여 스트레스가 되었다.

그런데 아이와 이야기하던 중 아이 부모가 매우 엄격하다는 걸 알게 되었다. 그 아이는 집안형편도 괜찮은 편이었고 부모 모두 전문직에 종사하고 있었기에 가정 환경적으로는 큰 불편함이 없는 줄 알았다. 그런데 부모님이 많이 엄하여 스트레스를 받는다고 하니 마음이 아파왔다. 저 삐딱함은 부모에 대한 분노가 원인이었나 싶었고 좀 더 빨리 알아주지 못해 미안한 마음이 들었다.

신규 교사 시절 나는 말 안 듣는 아이에게 꿀밤을 주기도 했다. 당시만 해도 교사의 체벌이 어느 정도 허용이 되었고, 나 또한 아이의 잘못된 행동을 고치는 데 어느 정도의 체벌은 필요하다고 생각했다. 지금 돌이켜보면 참 부끄러운 생각이지만 그땐 그랬다.

그런데 어느 순간부터 인격체에 매를 드는 행위가 부당하다는 생각이 들었다. 점점 체벌을 줄여나갔고 완전히 멀어졌을 때 교사 체벌이 금지되었다. 학교 현장에서 체벌은 완전히 사라졌다. 다만 일부 가정에서는 지금도 '사랑의 매'라는 명목으로 가혹한 처벌이 행해지고 있을지도 모른다. 교사,

이웃의 관심이 필요하다.

내게 유독 '삐딱했던' 아이의 속사정을 이해하고 나자 그 아이의 모든 행동을 품을 수 있게 되었다. 그 아이가 말대꾸하거나 내 말을 비판적으로 수용하더라도, '아, 그랬구나. 네 생각은 그럴 수 있겠네.'라며 부드럽게 응해주었다. 그랬더니 아이의 태도도 점점 부드럽게 변해갔다.

매사 무기력했던 아이의 속마음

수업시간에 딴청 피우고 책과 준비물을 놓고 오기 일쑤였으며 눈빛이 멍하고 매사 무기력한 남자 아이가 있었다. 주의를 주어도 소용이 없어 답답해하던 어느 날 아이가 내게 찾아와 말을 꺼냈다. 평소 말도 잘 안 하던 아이였는데 그날은 유독 기분이 좋았는지 내게 먼저 다가와서는 내가 묻지도 않은 가족 이야기를 하였다. 자신은 엄마와 할머니와 같이 살고 있으며 엄마는 밤늦게 들어오셔서 자주 얼굴을 보거나 이야기할 수 없고 대부분의 시간을 할머니 손에 자랐다고.

물론 한부모나 조부모 손에서 자랐다고 해서 모두 무기력한 것은 아니다. 그런 환경과 상관없이 한부모와 조부모의 사랑을 듬뿍 받는 아이들을 더 많이 보아왔다. 가정환경에 대한 편견 어린 시선이 한부모나 조부모 가정의 아이들과 가족들에게 오히려 더 상처가 될 수 있음을 알기에 나는 항상 조심하려고 노력한다.

그러나 그날 아이가 꺼낸 '말' 속에서 나는 '이 아이가 어렸을 때 겪었을 가족관계와 관련한 상처로 인해 마음이 아파 무기력한 것일 수도 있겠구나' 하고 짐작할 수 있었다.

등교 거부를 했던 아이의 속마음

초등학교 1학년 학급을 맡았을 때의 일이다. 학교생활에 유독 적응을 못하는 아이가 있었다. 수업 시간만 되면 책상 밑으로 들어가고, 그림 그리는 시간이 되면 온 도화지를 빨 강과 검정으로 물들였다. 가장 큰 문제는 다른 아이들에게 폭력을 행사하는 것이었다.

힘들어하는 나를 본 부장 선생님이 학부모와 솔직하게 이 야기를 나누어보라는 조언을 주었다. 나의 요청으로 학부모 상담이 이루어졌다. 학부모는 아이에 대한 믿음을 내게 전했고, 나는 아이가 좀 더 학교생활을 즐겼으면 하는 마음을 학부모에게 전했다.

상담을 마치고 나와 헤어지려는데 아이가 학교 오기 싫다고 떼썼다. 잠시 당황해하던 아이 엄마는 자신의 무릎을 구부려 아이 눈을 바라보며 "왜 그러니? 엄마가 응원할게. 너는 학교생활을 잘할 수 있어."라고 말했는데 그 모습이 인상적이었다. 사실 그 당시에는 '좀 더 엄격하고 단호한 태도가 좋지 않을까? 저렇게 약한 말이 통할까?' 하고 의문을 품었다.

적응을 힘들어하는 아이를 이해해주고 끝내 적응하리라고 믿어주는 부모 덕분인지 아이는 다행히 1학년을 잘 마무리하고 2학년에 올라갔다. 그리고 6학년 졸업식에서 우연히 그 아이와 눈이 마주쳤는데, 믿음직스럽고 따스함이 전해졌다. 무릎을 꿇고 아이와 눈높이를 맞추던 엄마의 눈빛을 그대로 옮겨온 듯했다.

이해를 하면 불통은 사라지고 소통이 이루어진다. 아이와 눈높이를 맞출 때 비로소 우리는 아이가 보는 높이에서 함께 바라볼 수 있다. 어른의 눈높이에서는 아이의 정수리만 보인다. 어른이 무릎을 구부려 아이와 눈을 맞추었을 때 아이가 눈에 담는 세상과 생각을 이해할 수 있다.

티처맘 TIP
아이가 평소와 다른 행동을 한다면 잠시 하던 일을 멈추고 아이가 왜 그러는지 유심히 살펴보세요. 아이의 상황, 마음, 생각을 살펴보고 대화를 통해 아이를 이해해보세요.

믿음
- 부모가 믿는 만큼 아이는 성장한다

뇌과학자 장동선의 강연을 들을 우연한 기회가 있었다. 그는 10대와 20대를 정신적으로 우울하고 힘들게 보냈다고 한다. 그때 "넌 할 수 있어. 난 널 믿어."라고 말해주는 친구가 한 명 있었는데, 그 친구 덕분에 힘든 시기를 견뎌낼 수 있었다며 누군가의 믿음이 그만큼 중요하다고 말했다.

벼룩은 원래 20cm까지 뛸 수 있는데 높이가 10cm인 컵에 가둔 후 컵을 열면 10cm밖에 뛰지 못한다는 이야기는 많이 들어보았을 것이다. 어쩌면 더 높이 뛸 수 있는 아이인데 부모가 꿈을 한정지어 조금밖에 뛰지 못하는지도 모른다.

아이가 자신의 적성에 맞고 능력을 발휘할 수 있는 분야가 따로 있는데, 부모가 안정적이라고 생각하는 직업을 권하고 있지 않은가?

물론 부모는 아이가 잘되길 바라는 마음일 것이다. 나 또한 아무것도 모르는 둘째아이가 의사가 되고 싶단 말에 박수 쳤던 적이 있으니까. 나는 아이들이 클수록 더 정신을 똑바로 차리려고 스스로를 다잡는다. 아이의 꿈을 한정짓는 부모가 되지 않도록 나 자신을 단속하고 있다.

부모의 컨디션 조절로 믿음이 흔들리지 않도록 하자

아이의 잠재력을 믿고 아이를 지켜보면 아이는 그 믿음으로 잘 성장할 수 있다. 그런데 이게 말처럼 쉽지 않을 때가 있다. '내가 내 아이를 믿어야지' 하고 다짐했다가도 부모의 마음이나 몸 상태에 따라 '믿음이 깨진 부모의 모습'을 아이에게 보일 때가 있다.

특히 부모가 아이 이외의 외적인 조건으로 인해 마음이 불안정할 때 그렇다. 엄마가 마음이 평화로우면 아이를 믿는 게 그리 어렵지 않으나, 마음이 불안하면 그 믿음이 흔들려 아이에게 별일 아닌 일로 잔소리를 하게 되고 찡그린 표정을 짓게 된다. 엄마의 불안한 마음은 아이에게 그대로 전달된다.

나는 내 마음의 불안할 때에는 아이에게 그 마음이 전달되지 않도록 노력하는 편이다. 퇴근 후 30분 동안은 아이를 대할 때 특히 조심한다. 일을 하고 돌아온 후 지친 내 몸은 휴식을 원한다. 학교에서 무슨 좋지 않은 일이라도 있던 날은 마음이 잔뜩 예민해져 있다. 퇴근하고 집에 와서 조금 편히 쉬고 싶을 때 아이가 층간 소음을 유발할 정도로 쿵쿵 뛴다면? 인상을 찌푸린 채로 소리를 버럭 지르게 된다. ATM할 여력도 없는 거다.

그래서 나는 컨디션이나 기분이 유독 안 좋은 날은 일부러 일을 만들어 조금 늦게 귀가한다. 배달을 해주는 세탁소까지 일부러 걸어가 옷을 찾아온다든지, 도서관에 잠시 들러 책을 빌려온다든지, 카페에서 내가 좋아하는 고구마라떼를 마신다든지, 음악을 들으며 공원 한 바퀴를 돈다든지…. 그렇게 잠시 마음을 가나듬고 머릿속을 비우고 귀가하면 아이들을 한결 부드럽게 대할 수 있다. 그럴 때는 ATM이 가능해진다. 마음이 평온하기 때문이다.

아이들은 믿는 만큼 성장한다. 그 믿음이 흔들리지 않기 위해서 엄마의 마음이 평온할 수 있도록 몸과 마음의 컨디션을 잘 조절하자. 가끔 운동선수들이 컨디션 조절에 실패해서 실력 발휘를 못할 때가 있다. 컨디션 조절도 실력이다. 그만큼 컨디션이 중요하다는 이야기다. 더군다나 엄마의 컨디션은 가정의 분위기에 영향을 준다. 그러니 컨디션을 잘 조절하여 아이에 대한 믿음이 흔들리지 않게 하자.

자존감을 높여주는 믿음

부모가 아이를 믿어주면 아이는 자신이 '무엇이든 할 수 있는 사람'이라고 믿게 된다. 그러면 자연스레 자존감이 단단해진다. 아이에 대한 믿음이 없는 부모는 아이 일에 이것저것 간섭한다. 아이 혼자서는 할 수 없다고 생각해서다. 그러면 아이는 자존감이 약해진다.

대학에 전화해 학점에 이의를 제기하는 부모, 신병교육대를 찾아오는 부모, 회사에 전화해 병가를 대신 내는 부모 등 자식을 과하게 챙기는 부모 이야기가 종종 들린다. 이는 아이가 미성숙해서라기보다 아이가 이미 성인이 되었는데도 이것저것 해주던 습관이 남아 있는 부모의 탓이 아닐까.

불안한 마음에 아이를 울타리 안에 가두어 키우다 보면 자칫 본래의 능력이 열매를 맺지 못할 수 있다. 순리대로 두었다면 꽃필 능력이었을 텐데 말이다. 믿음을 주면 아이가 원래 가진 능력보다 더 성장할 수 있다. 자기주도성과 창의성의 근원은 스스로에 대한 믿음이다. 부모가 믿어주지 않는데 아이가 어떻게 스스로에 대한 믿음이 생기겠는가.

존중
-아이를 작은 인격체로 대한다

근무하던 학교에서 '인권'을 주제로 학생, 학부모, 교사가 모여 대화의 장을 연 적이 있다. 인권의 정의와 관련하여 심도 있는 질문이 오갔다. 인권을 아이들에게 뭐라고 설명해야 좋을지 고민해보아도 쉽지 않았다. 다행히 경력이 있는 교무부장 선생님이 아이들이 이해하기 쉽게 정리해주어 원활하게 토론할 수 있었다.

모든 사람은 국적과 상관없이, 배고프면 먹을 권리가 있고, 추우면 따뜻하게 입을 권리가 있고, 교육을 받을 권리가 있고, 행복할 권리가 있고, 다치면 치료를 받을 권리가 있다.

이렇게 인간으로 마땅히 누려야 할 기본적인 권리를 인권이라고 한다.

아이들에게도 인권이 있다. 대부분의 부모들은 아이들을 존중한다. 밥을 먹여주고, 따뜻한 옷을 입혀준다. 좋은 신발을 사준다. 그런데 아이의 마음을 존중해주는 데에는 다소 서툰 것 같다. 소통은 존중이 전제되어야 한다. 사람은 존중받는다고 느꼈을 때 자신의 진심을 말한다. 존중받지 못한다고 느꼈을 때는 솔직히 말할 수 없다.

독재 체제에 순응하는 사람은 싫어도 '네'라고 대답할 수밖에 없다. 부모가 독재자가 되면 가정은 따뜻한 공간이 아니라 눈치를 봐야 하는 불안정한 공간이 된다. 어른인 부모가 아이에게 가르쳐줄 것은 분명히 있다. 하지만 가르치는 과정에서 아이에 대한 존중이 빠진 채로 명령을 내리기만 한다면 아이는 자신이 존중받는다고 느끼지 못할 것이다.

자녀의 의견을 존중하면 아이의 '선택하는 힘'이 커진다. 현장에서 요즘 아이들의 가장 큰 문제라고 와닿는 것은 '시키는 대로만 하는 것'이다. 짜인 시간표대로 부모가 시키는 대로 공부하는 아이가 많다. 실제로 중고교를 우수한 성적으로 마치고 명문대에 진학했는데, 대학의 토론 수업에서 자신의 의견을 제시해야 할 때는, 뒤로 물러나는 학생이 많다.

앞으로의 시대를 살아갈 아이들은 질문하는 것도 의견을 쓰거나 말하는 것도 두려워하면 안 된다. 궁금하면 깊이 파고들어 질문하고 글이나 말로 표현할 수 있어야 한다. 세계를 무대로 아이디어를 표출해야 하기 때문이다.

이제 정답은 AI가 다 가지고 있다. 답을 아는 것에 그친다면 인공지능 시대를 살아갈 아이의 경쟁력은 떨어질 수밖에 없다. 정해진 답을 묻는 아이가 아니라 새로운 아이디어로 이어지는 질문을 할 수 있는 아이로 키워야 한다.

어려서부터 아이를 존중해주면 생각을 술술 말하고 쓸 수 있는 사람으로 성장할 것이다. 의견에는 맞고 틀리고가 없다. 앞으로는 지금보다 더 서로의 다름이 존중되는 사회가 되지 않을까. 평소 가정에서부터 아이가 자신의 의견을 막힘 없이 말할 수 있도록 신경 쓰자. 그러려면 우선 아이를 존중해주어야 한다.

티처맘 TIP

외식할 때 어떤 것을 먹고 싶은지 아이에게 물어보세요. 이때 왜 먹고 싶은지도 함께 물어보세요. 작은 결정에 관여하게 함으로써 부모가 자신의 의견을 존중한다는 걸 알려주세요.

미소
-따뜻하게 웃어주어 사랑을 보여준다

엄마는 아이를 사랑해주어야 한다. 무슨 당연한 말을 하나 의아해할 수도 있다. 엄마는 당연히 아이를 사랑하기 때문에 아이도 당연히 그것을 알 것이라고 생각한다. '사랑을 꼭 말로 해야 아나?' 싶지만, 아이는 말로 해줘야 안다. 아이의 모든 것, 단점까지도 사랑하고 있음을 말로 표현하자.

둘째아이는 아토피가 있다. 아이를 보는 사람들마다 안됐다는 표정을 지었다. 나도 아이의 아토피가 속상해 한숨을 푹푹 내쉬기도 여러 번이었다. 그러던 어느 날 아이가 가려운 부분을 막 때리면서 "아토피 때문이야!"라고 하는 걸 보고 큰 충격을 받았다. 다른 사람들이 아이의 아토피를 뭐라고 하더라도 나는 그 아이의 아토피까지 사랑해주었어야 했다. 그런데 엄마인 나도 남들과 똑같이 걱정만 해댔으니 아이가 얼마나 상처를 받았을까.

나는 그다음부터 아이의 아토피로 아픈 피부를 만지며 "아토피가 나아지고 있어. 걱정 마. 지금 낫는 중이야. 정환이가 크면 없어질 거야. 지금 훨씬 좋아졌어. 네가 건강한 음식을 먹으려고 노력한 덕분이야."라고 말해주었다. 아토피를 걱정하는 표정을 더 이상 짓지 않았다. 긁어서 거칠어진 피부를 만지며 엄마는 너의 아토피를 사랑한다고 말했다.

사랑과 웃음은 짝꿍이다. 사랑이 있으면 저절로 웃는 얼굴이 된다. 사랑이 없으면 웃음이 날 이유가 없다. 그런데 웃음이 없는 얼굴은 자칫 화난 것처럼 보이기도 한다. 그렇다고 웃음이 나지도 않는데 억지로 웃기도 힘들다.

살다 보면 분노할 때도 있다. 하지만 분노한다고 달라지는 것은 없다. 굳이 분노한다면 불합리한 사회적 문제를 고치려 노력해서 아이를 키우는 데 발전적으로 이용하는 게 낫다.

아이에게 분노하지 말자. 아이에게는 분노가 아니라 웃음을 주어야 한다. 단, 자주 웃어야 한다. 평소엔 잘 웃지 않다가 성적을 잘 받아오는 등 조건을 충족할 때에만 웃으면 안 된다. 아이가 어떤 행동을 했을 때에만 조건적으로 웃음을 내비친다면, 아이는 엄마의 '조건적' 웃음을 성취하기 위해 엄마를 기쁘게 해주는 인생을 살게 될 위험이 있다.

엄마의 행복은 엄마 스스로 찾자. 아이가 엄마를 행복하게 해주기를 기대하여 아이에게 짐을 주지 말자. 아이는 엄마를 기쁘게 해주려고 태어난 존재가 아니다. 아이에게 부담을 주지 말고 미소를 주자. 사랑의 눈빛을 주자. 웃음을 주자. 아이를 따뜻하게 안아주자. 그러면 아이의 마음은 편해지고, 아이는 가벼운 마음으로 자기 자신을 위해 자신의 길을 걸어갈 것이다. 그리고 마치 거울처럼 미소와 행복으로 가득한 얼굴로 엄마에게 응답할 것이라 믿는다.

티처맘 TIP

아이와 일주일에 한두 번은 함께 건전한 예능프로그램을 보며 대화도 하고 소리 내어 웃어보세요. 부모님과 함께 웃는 시간을 가진다는 건 아이의 성장에 큰 힘이 될 것입니다.

용기
―아이의 든든한 지원군이 된다

앞으로의 시대 변화는 예측하기 힘들다고 한다. 그런데 변화하는 시대를 살아가야 할 아이들의 하루하루는 변화가 거의 없다. 요즘 아이들의 하루를 들여다보자. '학교 → 집→ 학원' 또는 '학교 → 학원 → 집'이다. 그리고 놀더라도 거의 아파트 단지 안이나 동네 놀이터에서 논다. 한정된 공간을 왔다 갔다 하고 변화가 없는 하루 속에서 산다.

그런데 아이들이 앞으로 맞이할 세상은 변화가 가득한 세상이다. 학교라는 울타리 안의 학생으로 살 때에는 변화가 별로 없는 인생을 살다가 어느 날 갑자기 사회로 던져졌을 때 그 변화 안에서 춤출 수 있는 학생이 얼마나 있을까.

건축 공학자 유현준은 지금 아이들의 상황을 이렇게 비유한다. 닭처럼 키워놓고 졸업 후에 독수리처럼 날라고 한다고 해서, 그렇게 독수리처럼 날 수 있겠냐고 말이다. 그는 2018 GMC 강연에서 현재 학교 건물의 모습이 교도소나 다름없이 획일화되었다며 비판했다. 아이들은 획일화된 학교에서 지내다 또 획일화된 학원을 가느라 하루 종일 하늘 한 번 제대로 쳐다볼 수 없다는 것이다.

유현준의 강연을 듣고 생각해보니, 요즘에는 입시를 앞둔 고등학생뿐 아니라 초등학생도 일부러 고개를 들어야 하늘을 볼 수 있을 만큼 비슷비슷한 하루가 반복되고 있는 것 같다. 교사이자 엄마로서 내가 할 수 있는 일이 무엇일지 곰곰이 생각해보았다. 학교 건물을 당장 변화시킬 수 있는 것도 아니고, 아이들의 일정을 획기적으로 변화시킬 수 있는 것도 아니다. 하지만 아이들을 대하는 말과 태도는 바꿀 수 있다.

응원의 말, 용기를 주는 말을 자주 하고 그런 눈빛을 보내는 것이 지금 내가 할 수 있는 최선임을 깨달았다. 그래야 아이들이 학교를 졸업하고 학교 보다 더 큰 세상으로 나아갔을 때 내가 만나지 못했던 넓은 세상을 두려워하지 않고 하늘과 구름과 해를 바라보며 비상할 수 있을 테니 말이다.

아이들이 인생을 살아가면서 꽃길만 걷는다면 얼마나 좋을까. 하지만 인생은 그리 순탄하지만은 않음을 우리 어른은 알고 있다. 아이가 좌절하거나 상처를 받을 때 함께 아이와 함께 안절부절못해서는 안 된다. 속으로는 떨리고 걱정될지라도 대담하게 대처해나가야 한다. 아이가 길을 가다가 넘어져서 일어나기가 힘들 때 일어나라고 손을 내밀어주는 사람이 단 한 명이라도 있다면 그 아이는 다시 일어날 수 있다. 엄마가 그 사람이 되어준다면 어떨까.

아이의 든든한 지원군이 되어 아이에게 용기를 주는 말과 태도를 보여주자. 아이가 넘어졌을 때 엄마를 찾아올지 오히려 엄마를 멀리할지는 지금 당신이 어떻게 하느냐에 달려 있다.

티처맘 TIP

용기를 줄 수 있는 말을 요일별로 정해 하루에 한 번 말해보세요. 용기의 말 한마디가 자녀의 삶을 지탱해줄 단단한 뿌리가 될 거예요.

예) • 무엇이든 네가 할 수 있고, 무엇이든 네가 될 수 있어.
    • 네가 하고 싶은 것을 무엇이든 시도해봐.
    • 나는 너를 항상 응원해.
    • 항상 나는 네 편이야.
    • 네가 할 수 있다고 믿어.
    • 그렇지. 대단하구나.
    • 넌 할 수 있다고 엄마가 그랬잖아.

공감
-때로는 아이와 단 둘이 데이트를 한다

만나서 대화하고 나면 참 마음이 편해지는 친구가 있다. 반대로 대화하는 내내 무언가 어긋난다는 느낌이 드는 친구도 있다. 그 차이는 공감의 유무가 아닐까.

나는 다른 사람과 소통할 때 가장 중요한 것은 공감이라고 생각한다. 우리가 다른 사람과 대화하는 이유는 내 생각을 말하고 다른 사람에게 공감받기 위함일 것이다. 공감은 내가 어떤 대상에 대한 관심을 가지고 나의 관심을 사랑의 눈빛이나 말로 전달해주는 것이다. 공감을 받은 대상은 누군가 자신에게 관심이 있다는 것을 알게 되고 눈빛이나 말을 통해 긍정적인 감정을 느끼며 그런 공감을 받은 사람의 자존감은 향상된다.

관광자원이나 천연자원이 풍부하지 않은 한국은 오직 인적 자원으로 선진국 대열에 올랐다. 인적자원으로 재화를 벌어들이는 나라인 만큼 사람들은 바삐 움직일 수밖에 없다. 그것이 꼭 나쁘다고 생각하지는 않는다. 하지만 바쁨에 쫓겨 어디로 가는 것인지를 가끔 잊는 것 같다.

그래서 나는 잠시라도 시간을 내어 아이와 일대일로 데이트를 한다. 그래서 학교 이야기, 꿈 이야기 등 평소 집에서 하지 못한 이야기를 나눈다. 집에 있으면 집안일이 보여서 아이와의 시간에 온전히 집중하기 힘들다. 아이들도 마찬가지다. 각자의 일을 하다 보면 가족끼리 눈을 마주보고 대화하는 시간을 갖기는 힘들다.

아이와 산책하며 집앞 카페에 들어가 30분~1시간 이야기하는 데에는 시간과 비용이 그리 많이 들지 않는다. 한 달에 한두 번쯤은 집이 아닌 다른 공간에서 좋아하는 음료나 차를 마시며 아이의 이야기에 공감하는 시간을 내어보기를 바란다. 단 조건이 있다. 스마트폰을 꺼내면 안 된다. 서로 공감하는 시간이 쌓이면서 아이는 다른 사람과 공감하는 방법도 자연스레 익힐 것이다.

아이에게 다른 사람을 공감해주는 법을 알려주자. 공감을 받았을 때의 기쁨을 알려주자. 엄마와 공감하는 기쁨을 알게 된 아이는 훗날 어른이 되어 자신의 아이에게도 그 기쁨을 알려주고자 할 것이다. 그렇게 사회 전체에 공감이 이루어지는 소통이 늘어날 때 사회 구성원의 행복은 더 커질 것이다.

티처맘 TIP

뇌과학에서는 습관이 되려면 21일의 훈련이 필요하다고 합니다. 일단 21일 동안 아이와 공감하며 대화하는 연습을 해보세요. 아이에게 해주어야 하는 말이 잘 안 나올 수 있습니다. 아이에게 해주고 싶은 말을 수첩이나 포스트잇에 적어놓고 수시로 읽어보세요. 마치 영어 단어를 외우는 것처럼요. 그러면 아이와의 대화 속에서 자연스럽게 흘러나오게 될 것입니다.

통제
– '제멋대로'와 '함부로'는 통제한다

'제멋대로'와 '함부로'는 통제해야 한다 '자존감을 높여야하는데 웬 통제?' 하고 의아해할 수 있다. 이는 자존감에 대해 오해하고 있는 것이다. 다른 사람의 자존감을 해치고 제멋대로 하는 것은 자존감이 높은 게 아니다.

아이의 기를 살려준다는 명목으로 남을 해치는 행동을 통제하지 않는 학부모가 간혹 있다. 학교에서뿐만 아니라 놀이터에만 나가도 내 아이가 다른 아이에게 피해를 입는 것에는 과민한 반응을 보이면서 내 아이가 다른 아이에게 피해를 주는 행동에 대해서는 별일 아니라는 듯 반응하는 부모를 종종 볼 수 있다. 부모가 적절한 통제를 해주지 않으면 아이는 타인의 자유와 권리를 침범하는 사람으로 자랄 우려가 있다. 어느 선부터가 타인의 자유를 침범하는 행동인지 기준을 모르기 때문이다.

학교 현장에서 가장 힘들 때가 다른 아이의 아픔을 공감하지 않는 아이를 만날 때다. 타인에게 신체폭력이나 언어폭력을 행사했을 때 상대방이 얼마나 고통스러울지를 생각하지 못하는 아이들이 있다. 역지사지로 생각해보라고 아무리 설명해주어도 아이가 알아듣지 못하고 다른 사람의 잘못만 이야기하면 정말 힘들다.

친구들과 다툴 때 입장을 바꿔서 생각해보자는 의미로 "네가 이러면 친구가 어떻겠어."라고 말을 꺼내는데, 이때 반성하면서 앞으로는 그러지 않겠다고 다짐하는 아이가 있는가 하면 끝까지 자기보다 상대 아이가 더 잘못했다며 반성하지 않는 아이가 있다. 이런 경우에는 "어떠한 경우에도 친구를 때리면 안 돼."라고 잘못된 행동을 집어 말할 수밖에 없다.

아이들이 이렇게 정서적으로 다른 사람의 입장에 공감하지 못하는 이유는 여러 가지로 볼 수 있다. 어려서부터 부모로부터 온전히 공감받지 못한 경우도 있고, 타고난 기질일 수도 있고, 아직 다 자라지 못해 자아중심성이 강해서 그럴 수도 있다.

이렇게 공감하지 못하는 아이들도 누군가의 끊임없는 관심과 사랑으로 달라질 수 있다. 사실 기다려주고 이해해주고 믿어주고 존중해주고 사랑해주고 용기를 주고 공감해주는 가정에서 큰 아이들은 대부분 자기 통제를 할 수 있다. 그런 양육 과정에서 적절한 통제를 해주기 때문이다. 위험한 것을 알려주고 금지할 것은 금지하면서 말이다.

자존감을 살려주기 위해서 아이의 모든 행동을 지지하면 안 된다. 다른 사람에게 피해를 주거나 자신을 해치는 행위는 꼭 통제해주어야 한다.

티처맘 TIP

아이에게 엄마가 절대 허락할 수 없는 것을 알려주세요. 법륜스님의 『엄마 수업』에 나온 다섯 가지를 소개하니 참고해보세요. '사람을 때리거나 죽이는 일', '남의 물건을 뺏거나 훔치는 일', '여자를 사랑할 때 성추행이나 성폭행처럼 상대의 의사에 반해서 강제적으로 사랑을 표현하는 일', '거짓말을 하거나 욕하는 일', '술을 취하도록 마시는 일'입니다. 저는 여기에 몇 가지를 더 추가합니다. '용돈보다 더 많이 소비하지 않기', '스마트폰을 절제해서 자신의 건강을 해치지 않기'입니다.

5장

오늘부터
엄마 혁명

엄마도
엄마는 처음이라서

친구 중에 '결혼 준비 학교'라는 사설 프로그램에 참가해 결혼을 준비한 친구가 있었다. 처음 그 이야기를 들었을 때에는 '그냥 결혼하면 되는 거지 무슨 준비가 필요해? 사랑하는 사람만 있으면 하는 거 아닌가?' 하고 의아했다.

지금 생각하면 그 친구가 현명했던 것 같다. 나는 어쩌다 어른이 되었고 어쩌다 결혼해 가정을 꾸렸고 어쩌다 엄마가 되었다.

첫아이를 임신했을 때 '친구가 준 태교동화책 읽기', '배를 만지며 아이와 대화하기' 정도만 했지 엄마의 마음가짐에 대해 깊이 생각해본 적은 없다. 아이를 낳고 잘 돌보면 된다고만 생각했다. 인터넷 쇼핑몰에서 예쁜 유모차, 아기 용품 등을 가격비교하면서 아이를 맞을 준비를 잘하고 있다고 여겼다.

제대로 된 마음의 준비 없이 출산했고 아이를 품에 안았다. 너무 예쁘고 사랑스럽고 신비한 존재라 보고만 있어도 가슴이 벅찼다. 그런데 아이가 있는 일상은 상상 그 이상으로 이전과 달랐다. 자고 싶을 때 잘 수 없고 외출하고 싶을 때 나갈 수 없고, 컴퓨터를 하고 싶을 때 할 수 없다니…. 달라진 일상이 버거웠고 나는 점점 우울감에 빠졌다.

아이가 내게 와준 것에 감사하며 엄마로서의 삶이 당연한 것임을 인정하고 나서야 비로소 달라진 일상을 받아들일 수 있었다. 아이가 없어 자유로웠던 과거와 비교할수록 불행해졌다. 하지만 곁에 있는 아이를 보며 감사하고 내가 엄마가 되었음을 인정하고 내가 지금 무엇을 해야 하는지에 집중하자 산후 우울감을 조금씩 떨칠 수 있었다.

'엄마로서의 나'를 만나다

엄마가 되고 달라진 것은 일상뿐이 아니다. 나 자신도 달라졌다. 동시 다발적으로 일을 처리하는 능력이 생겼고, 하고 싶은 것을 참을 수 있는 인내심도 생겼다. 내가 가진 것에 감사하는 습관이 생겼고, 힘든 마음을 달래러 책을 읽다 보니 독서 습관도 생겼다. 답답함을 글로 적다 보니 글쓰기 실력도 늘었다. 이것저것 사서 집에 모아두고 옷 욕심도 많던 과거를 청산하고 지금은 미니멀리즘을 선호하게 되었다. 무엇보다도 삶의 태도가 주체적이 되었다.

교사 엄마의 시너지

육아 휴직을 마치고 복직 연수를 받을 때 나의 가장 큰 고민은 '교사와 엄마라는 두 역할이 있는데 어떻게 하면 둘 다 잘할 수 있을까?'였다. 그때 한 장학사가 답을 주었는데 지금도 두 가지 일로 힘들 때면 힘을 얻는 말이다.

"아이를 돌보는 경험과 교사로서의 경험이 서로 시너지 효과를 발휘하면 됩니다. 아이를 돌보는 경험으로 교사로서의 역할을 더 잘해낼 수 있고, 교사로서의 경험으로 아이들 육아에 더 보탬이 되죠. 시너지 효과를 발휘하세요."

이 말은 비단 교사 엄마에게만 적용되는 것은 아니리라.

직장에 다니든 전업주부든 엄마가 되고 육아를 통해 성장한 다면 그것이 바로 시너지 효과가 아닐까. 아이를 키우며 느끼는 성장통을 인정하고 껴안자. 그 어려움을 꼭 자신을 성장시키는 에너지로 쓰자.

티처맘 TIP

아이를 키우며 힘든 점이 있나요? 한 가지만 적어보세요. 그리고 그 한 가지를 해결하기 위해 내가 무엇을 할 수 있는지 적어보세요. 저는 모든 문제는 양면이 있다고 생각합니다. 힘든 점을 뒤집으면 해결점이 보일 것입니다. 그것을 해결하는 과정에서 엄마는 분명 성장합니다.

엄마가 되고
조금은 달라진 나

엄마가 되면서 새로운 나를 만났다는 사람이 많다. 아침형 인간으로 바뀐 사람, 시간 약속을 잘 지키게 된 사람, 수준급 요리를 할 수 있게 된 사람, 감정 조절을 잘하게 된 사람, 화내기보다 웃을 수 있게 된 사람….

아이를 돌보려면 게을렀던 사람도 부지런해 질 수밖에 없다. 온전한 나만의 시간이 생기게 되면 소중하게 아껴서 새로운 취미를 가지기도 한다. 나는 이를 '엄마 혁신'이라고 부르고 싶다.

혁신은 기존에 있던 것을 바꾸는 것이다. 나는 아이를 낳기 전까지는 '엄마로 다시 태어나다'라는 말이 와닿지 않았다. 나도 처음에는 잘 몰랐다. 그런데 시간이 지나면서 자연스레 '엄마인 나'를 알게 되었다.

고백하자면, 나는 아이를 낳기 전에는 교사 일을 하면서 사명감이나 보람을 가져본 적이 없다. 그저 직업일 뿐이라고 생각했다. 젊은 선생님들이 패기와 열정으로 아이들 수업을 준비하는 모습을 보면, '젊은 날의 나는 왜 그러지 못했을까' 하고 반성하게 된다. 이렇게 반성할 만큼 사고방식이 바뀐 것은 엄마가 되고나서부터다.

아이를 낳고 삶에 대한 태도가 바뀌었다. 학교에 다시 복직하게 되었을 때 나 스스로 마음가짐이 달라졌음을 느꼈다. 오랜만에 만난 선생님들과 학생들이 너무나 반가웠다. 학교에서의 생활이 새롭게 느껴졌다. 학교는 더 이상 '교대를 나왔으니 가야 하는 곳'이 아니었다. 다시 돌아온 학교는 '설레는 직장'이었다.

이왕 일하는 거 수동적으로 일하며 스트레스받기보다는 교사라는 직업이 가진 의미를 생각해보고 능동적으로 일하자고 마음먹었다. 그리고 어떻게 하면 내가 교사로서 더 행복하고 의미 있는 삶을 살 수 있을지를 생각했다.

그렇다고 해서 내가 훌륭한 선생님으로 드라마틱하게 바

뀐 것은 절대 아니다. 다만 어제보다 나은 선생님, 부모, 사람으로 살아가려고 노력하고 있다. 좋은 결과를 향해 나아가는 과정을 즐긴다.

아이를 만나고 나는 인생을 더 주체적으로 살게 되었다. 이전에는 내 문제인데도 확신이 설 때까지 다른 사람의 의견을 구했다. 그런데 지금은 가장 먼저 내 자신에게 물어보고 답을 구한다. 다른 사람의 조언을 들어도 참고할 뿐 전적으로 의지하지 않는다. 왜냐하면 주체적인 나를 보고 배울 아이가 있기 때문이다.

티처맘 TIP

아이를 통해 나 자신을 혁신할 원칙 한 가지를 찾아보고 지켜보세요.
예) 아침형 되기, 감사일기 쓰기, 집밥 하기, 미니멀리스트 되기, 시간관리 플래너 쓰기, 심리학 공부하기, 대화법 공부하기, 독서하기, 악기 배우기, 명상하기, 운동하기, 기도하기, 영어 공부하기, 금주하기, 다이어트, 간헐적 단식, 복근 만들기 등

"더 이상
미안해하지 않을래"

엄마의 감정이 화와 짜증으로 탁해져 있으면 아이의 감정
이 결코 즐거울 수 없다. 심할 경우 엄마는 아이한테 탁한 감
정을 쏟아버릴지도 모른다. 아이가 엄마의 감정 하수구가 돼
버리는 것이다.

엄마가 버려야 할 부정적 감정의 원인은 여러 가지가 있을
텐데, 그중에서 나는 자책감과 비교는 꼭 그만두라고 말하고
싶다. 다시 말해 스스로를 책망하는 일과 다른 사람의 자녀
와 자신의 아이를 비교하는 일은 부정적 감정만 불러일으킬
뿐이다.

엄마를 아프게 하는 자책

나는 요리를 잘 못하지만 아이 건강에 집밥이 좋다고 생각한다. 내 이상은 집밥 요리를 잘하는 엄마인데 실제 내가 할 줄 아는 것은 라면, 달걀프라이, 카레, 볶음밥 정도다. 그러다 보니 외식도 자주 하게 되었고 라면도 자주 먹게 되었다. '또 라면을 먹었네', '또 외식을 했네', '또 집밥을 못 차려줬네', '아이들에게 건강한 음식을 못 먹였네' 하고 자책했다.

나는 정리에 그다지 소질이 없지만 정리된 집을 좋아한다. 내 이상은 집을 잘 관리하고 살림 잘하는 엄마인데, 실제 나는 정리를 못해서 늘 집이 어질러진 상태다. '또 어질러졌네', '설거지가 또 쌓였네' 하고 자책했다.

욕구와 결과가 맞물리지 않아 자책하고 몸까지 피곤할 때에는 눈물까지 핑 돈다. '아이한테 집밥도 못 해먹이면서 무슨 일을 한다고 난리일까?', '집도 제대로 정리 안 하면서 옷만 깔끔하게 입고 다니는 나는 위선자가 아닌가?'라며 스스로를 한없이 깎아내렸다. 그런데 문제는 자책한다고 해도 변화되는 것은 아무것도 없다는 데 있다.

『믿는 만큼 자라는 아이들』의 저자 박혜란은 깔끔한 성격이었으나 아이한테 정리하라며 잔소리하고 자꾸 화내게 되자 집이 지저분해지더라도 그냥 내버려두었다고 한다. 그래도 아무 일이 일어나지 않았고, 오히려 독일에서 온 손님이 '이렇게 집이 지저분해야 아이들 창의성이 좋아진다'면서 박수를 쳐주었다고. 나도 그냥 받아들이고 나를 좀먹는 '자책'을 떨치기로 했다.

아이들에게 라면을 많이 끓여주고 바깥 음식을 많이 사 먹여도 괜찮다는 말은 아니다. 아이에게 인스턴트 음식을 먹이는 것보다 더 나쁜 것은 아이 앞에서 자책하는 엄마가 뿜어내는 나쁜 감정이라고 생각을 바꾸었다는 말이다.

자책 대신 나 자신을 격려하기로 했다. '잘하고 있어. 어쩌다 보니 저녁을 준비 못했구나. 그래 요즘 내가 바빴지. 그래 오늘 하루 정도는 사먹이자. 아이들이 맛있게 먹는 모습이 행복해 보이네' 하고 기분 좋게 아이들과 외식한다. 자책을 계속하면 사람이 불행해진다. 자책의 감정이 들면 감사의 감정을 끄집어내서 떨쳐내자.

아이를 아프게 하는 비교

아이를 남의 아이와 비교하거나 형제자매끼리 비교하는 것은 아이 마음에 열등감의 씨를 뿌리는 것과 같다. 비교는 아이 가슴에 상처를 낸다. 그런 의미에서 언어폭력이라고 해도 과언은 아니다. 외상은 보이기라도 하지 마음 안의 상처는 보이지도 않는다. 그렇게 아이 안에서 곪다가 순식간에 밖으로 표출된다.

교사 엄마다 보니 더더욱 비교하지 않도록 조심한다. 왜냐하면 학교에는 정말 반짝반짝 빛나는 아이가 많기 때문이다. 공부를 잘하는 아이, 자기 할 일을 야무지게 잘하는 아이, 청소를 잘하는 아이, 수업 태도가 좋은 아이, 숙제를 잘해오는 아이, 미적 감각이 뛰어난 아이…. 그 아이들과 내 아이를 내심 얼마나 비교했는지 모른다. 한번은 집에서 아이 공부를 봐주다가 "우리 반에 너처럼 집중 못하는 아이가 없다. 너처럼 글씨를 못 쓰는 사람이 없어."라고 말이 튀어나오는 바람에 아이에게 며칠 동안 미안해하며 사과한 적도 있다.

비교는 가까운 사람을 적으로 만든다. 상대방에게 열등감을 느끼는 순간 열등감의 늪에서 빠져나오기가 어렵다. 부모가 자식을 비교하면 아이의 마음속에 열등감의 씨가 뿌려져 병든 나무가 자란다.

누구를 위해서 비교하는 것일까? 아이가 자극을 받아 잘되길 바라는 마음으로 그랬을 수 있다. 물론 변할 수도 있다. 하지만 남과의 비교로 시작한 변화가 과연 그 아이의 삶을 행복한 방향으로 이끌 수 있을까?

잘하지 못하는 나를 자책한들, 다른 아이와 내 아이를 비교한들 변하는 것은 없다. 후회만 남을 뿐이다. 자책하고 비교하는 일은 그만두자.

티처맘 TIP

오늘 스스로에게 다짐해보세요. 자책과 비교는 버리자고 말이에요. 그동안 나를 어떤 부분에서 많이 자책했나요? 나 자신에게 미안하다고 사과해보세요. 엄마라는 존재로서 충분히 훌륭하다고 말해주세요. 그리고 내 아이에게 비교해서 상처준 적이 있었다면 오늘 아이와 그 부분에 대해 대화를 나눠보세요. 엄마가 그때 너를 다른 사람과 비교해서 미안하다고 말이에요.

명령형 말투를 버리기로 했다

첫째아이가 2학년 때의 일이다. 아이와 나는 같은 학교에 있었는데, 아이 담임선생님이 개인사정으로 하루 학교를 못 온 날, 1시간 보결 수업을 하게 되었다. 나는 '한 아이의 엄마'가 아닌 '한 학급의 선생님'으로서 평소 우리 반 아이들에게 하던 것처럼 수업을 잘 마쳤다. 나름 '프로패셔널'한 엄마의 모습을 아이에게 보여준 것 같아 뿌듯해했는데, 그날 집에서 만난 딸아이가 던진 한마디는 나를 반성의 시간에 들게 했다.

"엄마, 착하더라?"

아이 말인즉슨, 친절한 말투, 미소 짓는 얼굴로 교단에 선 내가 평소 자신이 알던 엄마 모습과 너무나 달랐다는 것이다. '집 안에서의 자연스러운 나'와 '밖에서의 꾸며진 나'의 간격에 새삼 충격을 받았다. 내가 그동안 얼마나 아이에게 함부로 말하고 찌푸린 표정을 지었는지를 알게 되었다. 그날부터 나는 밖에서의 나와 집 안에서의 나의 간극을 줄이려고 노력하고 있다.

엄마의 말과 행동은 아이라는 나무가 튼튼한 뿌리를 내리고 가지가 뻗어 성장하는 데에 물과 양분이 된다. 엄마의 말, 행동, 눈빛, 표정은 아이에게 매우 중요하다. 아이를 키우면서 어떻게 365일 내내 '백점짜리' 말, 행동, 눈빛, 표정을 할 수 있겠는가. 대부분 나도 모르게 화내고 자책하고 아이한테 사과하며 마음을 풀어주는 일을 반복하지 않을까. 그래도 엄마의 말투를 바꾸면 그렇게 화내고 사과하는 일의 반복을 조금씩 줄일 수 있다.

명령을 부탁으로 바꾸기와 긍정적으로 표현하기

가장 단순하고 쉬운 방법은 '~해!' 대신에 '~해줄래?'라고 바꾸는 것이다. 부탁의 말투는 말하는 내가 들어도 기분이 좋다. 말하기 전에 1~2초 잠깐 생각하거나 침만 꿀꺽 삼키고 말을 시작하면 된다.

또 같은 상황이라도 긍정적인 표현으로 바꾸어 말하는 것이 좋다. 이와 관련한 사건이 있다. 첫째아이가 토요일 아침에 수영을 배우러 다닐 때 수영장까지 데려다준 적이 있다. 수업 시간까지 빠듯해서 서둘러 아파트 출입문을 나섰는데, 수영 가방을 집에 놓고 왔다며 아이가 울음을 터뜨렸다. 화를 꾹 참고 나 혼자 얼른 올라가서 가지고 내려왔다. 화가 부글부글 끓었고 준비성이 없다며 아이를 다그칠 것 같았다. 엘리베이터 안에서 심호흡을 하고 긍정적으로 표현하자고 마음을 다잡았다.

"지윤아, 정말 다행이다. 수영장에 다 도착해서 그 사실을 알았다면 수업도 못 듣고 집에 왔었을 텐데…. 넌 정말 똑똑해. 출발 전에 가르쳐줘서 정말 고마워. 덕분에 수영 수업 들을 수 있겠다."

엄마의 잔소리를 예상하고 있던 딸아이는 오히려 칭찬하는 말에 놀라면서도 의기양양해하며 웃었다.

감사하다 말하기와 좋은 말은 떠오르자마자 말하기

아이가 방을 치워도, 잠자리 불을 꺼도 "고마워"라고 말해보자. 말하는 사람은 반복해도 지겹지 않고 듣는 사람은 들을수록 힘이 나는 신기한 말이 "고마워"인 것 같다.

사람은 누구나 인정 욕구가 있다. 누군가에게 인정받았을 때 자신의 존재 가치를 확인한다. 누군가의 인정에 목말라하며 살 필요는 없지만, 누군가를 인정해주는 말을 하면서 살 필요는 있는 것 같다. 말 한 마디로 상대방에게 존재 가치를 심어준다니 얼마나 멋진 일인가.

나는 아이를 보고 좋은 생각이나 말이 떠오르면 입 밖으로 내뱉어서 아이에게 들려준다. 내가 가장 크게 행복감을 실감할 때는 첫째아이와 둘째아이가 크게 웃으면서 뛰어노는 모습을 볼 때다. 언제 봐도 똑같이 행복하다. 그런 생각이 들면 아이들한테 꼭 말해준다.

"너희들이 있어서 엄마는 너무 행복해."

"너는 너무 소중해. 네가 있어서 좋아. 그냥 좋아."

혼자, 조용히,
마음 챙김

마음은 눈에 보이지 않는다. 그래서 챙기는 데 소홀하기 쉽다. 하지만 마음 챙김의 시간은 엄마에게 반드시 필요하다. 엄마라는 역할을 해나가며 가족을 우선시하다 보면 나라는 존재는 뒤로 밀려나는 듯한 느낌을 받기 쉽기 때문이다. 물론 가족을 위한 역할이 주어진 것은 행복하고 감사한 일이지만, 때로는 지치기도 한다. 길을 걷다 스치는 미혼 여성을 보면 그들의 자유가 부러울 때도 있다. 주변에서 누가 결혼한다거나 아이를 낳는다고 이야기하면, '그거 쉽지 않은 일인데…' 하고 말하고 싶다가도 그들의 미래를 밝혀주지는

못할 망정 소금을 뿌리는 것 같아 애써 두 손으로 입을 막기
도 한다.

마음 챙김에 눈뜨다

내가 마음에 관심을 가지게 된 것은 4박 5일 동안 마음 수
련을 하고 나서부터다. 처음에는 아이 엄마인 내가 4박 5일
어디를 다녀오는 것이 불가능하다고 생각했다. 하지만 더 단
단한 사람으로 성장한다면 아이들에게 더 좋을 것이라고 생
각해 남편을 설득해 참여했다. 그곳에 갈 때에는 두 어깨가
무거웠다. 4박 5일 동안 읽을 책 4권, 화장품, 옷 등 갖가지 물
건을 챙겨서 수련원이 있는 문경으로 향했다.

그런데 수련회 활동은 예상과 달랐다. 내가 4박 5일 동안
열심히 읽고 메모하려던 책, 메모장, 볼펜, 휴대폰을 모두 내
어놓고 시작해야 했다. 나는 순간 너무 화가 났다. 휴대폰을
못한다는 것은 알고 있었지만, 책은 너무 한 거 아닌가 싶었
다. 규칙에 따르지 않으면 활동에 참가할 수 없었다. 나는 책
과 메모장을 내어놓으면서 괜히 왔다는 후회를 했다. 여기
오려고 가족을 설득한 시간, 참가비용 등이 아깝다는 생각이
들었다. 수련회의 의도를 이해할 수가 없었다.

그런데 빈손이 되자 나는 비로소 내 마음을 들여다볼 수

있었다. TV도 볼 수 없고 휴대폰도 할 수 없고, 책도 볼 수 없고, 글도 쓸 수 없고, 며칠 동안 옆 사람과 이야기도 할 수 없는 침묵의 수련은 오직 내 마음 작용에만 집중하는 시간이었다. 그때부터 나는 내 마음을 들여다보는 것의 중요성을 깨달았다. 수련회의 다양한 활동을 통해 마음 하나 바꾸면, 천하가 다르게 보이고, 나아가 인생을 바꿀 수 있겠다는 확신이 들었다. 수련회를 마치고 집에 돌아오는 내 발걸음은 매우 가벼웠다. 물론 지금은 시간이 많이 지나 때가 많이 묻었지만, 가끔 그때의 내 마음으로 돌아가는 시간을 가져보면, 리셋할 수 있는 힘을 얻는다.

모두 마음먹기에 달렸다

마음은 눈에 보이지 않기 때문에 그다지 신경을 쓰지 않기 십상이다. 눈에 보이지 않기에 씻길 수도, 옷을 입힐 수도, 닦아줄 수도 없다.

'일체 유심조'라는 말이 있다. 원효대사가 당나라에 불법을 공부하러 가는 길에 날이 저물어 동굴에서 하룻밤 묵기로 했다. 밤중에 목이 말라 동굴 안에 있는 바가지에 담긴 물을 마셨다. 그런데 다음 날 아침에 그 물이 바로 사람의 해골 안에 고여 있던 물임을 알고는 모두 토해냈다는 이야기다. 그

때 원효대사는 이런 깨달음을 얻는다.

'원래 해골 물이었는데 그걸 몰랐을 때 아무렇지도 않다가 그걸 알고 난 다음에 토를 한다면, 나를 구토하게 한 것은 이 물이 아니라, 이것을 인식하는 내 마음이다. 마음에 따라 맛있는 물이 될 수도 있고 먹지 못할 오물이 될 수도 있지 않은가.'

수련회장에서는 읽기, 쓰기가 모두 제한되었다. 법사님들이 주옥같은 말을 하실 때마다 이걸 기억하지 못하면 어떡하느냐고 걱정했다. 온전히 지금의 자기 자신에게 집중하고 깨어 있는 것이 의미 있는 수행임을 이제는 안다. 나는 속세로 내려와 다시 읽고 쓰고 있지만, 그때의 경험을 통해 때론 아무것도 하지 않고 가만히 내게 집중하고 마음 작용을 바라보는 힘을 길렀다.

여기저기에 마음을 빼앗기기 쉬운 현대 생활에서 오직 니에게 집중하는 시간과 공간은 인생을 주체적으로 살 수 있는 원천이 된다. 타인의 생각과 말에 휘둘리지 않고 나답게 살 수 있게 된다. 정답을 찾는 세상에서 다양한 답을 인정할 수 있는 포용성을 갖게 한다. 그래서 나는 혼자만의 명상 시간이 좋다.

엄마는 하루 종일 가족 또는 직장 관련 일에 몰두하느라나 자신의 마음에 집중하는 시간을 따로 내기 쉽지 않다. 자신의 집 한 모퉁이에라도 나를 위한 공간을 마련하자. 아무것도 없는 그곳에서 하루 1~2분이라도 자신의 마음을 돌아보는 시간을 꾸준히 가져보길 바란다. 더 나다운 삶으로, 내가 주인이 되어 이끌어가는 삶으로 변화하리라 확신한다.

티처맘 TIP
마음 챙기기 좋은 장소와 시간을 정해보세요. 장소는 집의 한 공간, 도서관, 카페, 산책로, 주변 공원 등이 좋아요. 시간은 각자의 라이프 스타일에 맞게 정하면 돼요. 이때 정확한 시간을 정해두기보다는 늘 하던 일을 하고 난 직후나 직전을 선택하면 좋습니다. 저는 일어나자마자 공원을 산책해요. 시간을 정한 건 아니고 일어나면 바로 운동화를 신고 모자를 눌러쓰고 밖으로 나갑니다. 그렇게 하면 하루를 선물 받은 느낌도 들고 참 좋아요. 하루를 위한 워밍업이 되기도 하고요.

아이 곁에 있음에
감사하다

어느 날 딸아이가 서재에서 어떤 책을 뽑아와서는 무슨 내용이냐고 물었다. 『고마워 내 아이가 되어줘서』라는 책으로 중고서점에 갔다가 제목이 너무 마음에 들어 사고는 책장 한쪽에 꽂아만 둔 책이었다.

책 표지에는 엄마가 아이와 손을 잡고 다정하게 서로 마주보는 그림이 있었다. 딸아이의 눈을 보니 딸아이가 이 책을 가져온 의중을 알 수 있었다. 아이는 책 내용이 궁금했다기보다 내게 듣고 싶은 말이 있었던 거다.

"응, 이 책. 지윤이가 엄마 딸이 되어줘서 너무 고맙다는 생각이 들어서 샀어."

아이는 만족스런 표정을 짓더니 다시 거실로 쪼르르 나
갔다.

'자존감하라'

'자존감하라'는 게 무슨 뜻인지 의아할 것이다. 여기서 자
존감은 'self-esteem'이 아니라 '자녀 존재 감사'의 앞글자만
딴 줄임말이다. 어떻게 하면 자녀와 행복할 수 있을까를 고
민하다 내가 만든 말이다.

아이의 행복과 엄마의 행복, 아이의 자존감과 엄마의 자존
감은 아주 밀접한 관련이 있다. 누가 우선이랄 것 없이 말이
다. 이것이 내가 자존감에 대해 공부하고 내린 결론이다.

딸아이가 3학년이 되면서 수학이 어려워졌다. 이제 학교
수학을 잘 따라가기 위해선 복습도 필요하고 예습도 필요한
그야말로 공부해야 하는 시기가 온 것이다. 나는 학교에서
아이들을 가르치는 일이 직업이다. 그런데 그전까지는 학교
수업과 연관하여 내 아이를 가르치는 데에 대해 깊이 생각해
지 않았다. 방과후에 수학을 가르쳐주어야 하는데 어떻게 접
근해야 할지 고민이 됐다.

일단 시중에 있는 수학 공부법 책을 긁어모았다. 책 중에

는 이미 초등학교 1학년 때 수학 습관을 잡아주어야 한다는 내용도 있었다. 또 예습 복습을 해주어야 한다, 연산을 해야 한다, 방학을 이용해 합습 결손을 메꿔야 한다, 교과서를 중요하게 생각해야 한다…. 내가 알고 있는 내용이거나 조금 더 구체적인 방법이 더해진 내용이었다.

신기한 것은 책을 읽으면 읽을수록 어떻게 공부를 시키면 될지 방법이 보여야 하는데, 명확해지기는커녕 읽으면 읽을수록 가슴은 답답하고 머리가 아팠다. 다른 사람들은 이 어려운 과정을 벌써부터 하고 있다는 사실에 압박감이 밀려왔다.

책에서 배운 대로 해본답시고 교과서 위주로 아이들을 집에서 가르쳤다. 아이들은 왜 학교에서 한 걸 또 해야 하냐고 반박했다. 누군가는 공부가 가장 쉬웠다는데, 그건 공부를 하려고 했기에 쉬웠던 거지, 내적 동기가 만들어지지 않은 아이에게 엄마가 억지로 시키는 건 여간 어려운 일이 아니었다. 게다가 교과서 위주 공부를 하도록 하는 건 더더욱 쉽지 않았다. 그동안 학부모 상담을 하며 교과서가 가장 중요하다고 강조했는데 그에 앞서 아이들 스스로 할 '학습 동기'를 찾아주는 게 우선이었다.

나는 교과서가 시시하다면 다른 방법을 찾아보기로 했다.

아이들과 함께 서점에 가서 좋아하는 스타일의 문제집을 직접 골라보게 했다. 아이들은 처음 보는 문제집이 신기해서 이틀은 열심히 풀더니 셋째 날부터는 하자고 하면 냉정하게 거부했다.

웃으며 구슬렸지만 내 속은 부글부글 끓고 있었다. 하루 종일 학교 일을 하고 파김치가 되어 집에 와서 밥 차리고 아이들과 책상에 앉아 낮에 했던 수업을 또 하자니 나도 에너지가 고갈되어 잘되지 않았다. 나름 에너지를 충전한답시고, 음악도 들어보고 스트레칭도 해보고, 책도 읽어보고 온갖 행동을 다 해도, 막상 아이들과 책상에 앉아 공부를 봐주다 보면, 처음에는 웃고 시작해도 마지막엔 미간을 찡그리게 됐다.

하루 30분 수학의 힘을 외치고, 하루 2쪽만 풀면 모든 것이 다 되는 것처럼 책에 나와 있었지만, 이것을 꾸준히 매일 실천한다는 것은 쉽지 않았다. 이제 사교육을 시작할 때가 되었나 싶은 의문이 깊은 곳에서 올라왔다. 아무리 빨라도 수학 사교육은 고학년 전에는 시키고 싶지 않았다. 솔직히 될 수 있으면 사교육은 안 하고 싶었다. 그런데 첫째아이 초등학교 3학년 때 벌써 사교육을 고민하다니…. 초등학교 교사가 맞나 싶은 자책마저 들었다.

아이 곁에 있는 오늘

가슴이 답답한 어느 날 일찍 퇴근한 남편에게 아이들을 맡기고 잠시 집 앞 카페에 갔다. 내 손에는 오래전에 읽었던 서형숙의 『엄마 학교』가 들려 있었다. 저자는 사교육 한 번 하지 않고 아이들을 키웠다. 둘째가 태어났을 때 읽고 깊은 감동을 받은 후 나도 이런 엄마가 되어 아이를 키우리라 다짐했었다. 오랜만에 다시 한 번 읽고 싶어 책을 들고 밖으로 나갔다.

카페에 도착해서 가장 좋아하는 커피를 주문하고 미친 듯이 책을 읽어나갔다. '이분은 어떻게 했더라?' 빛의 속도로 한 페이지 한 페이지를 사진 찍듯이 읽어나갔다. 물론 지금 나는 그런 능력이 없다. 책 읽는 속도가 빠르지 않다. 하지만 그때는 초인적인 힘이 나왔다. 마음이 다급했기 때문일 거다. 그러다 한 문장이 내 마음에 콕 박혔다.

"내가 살아 있고 그래서 아이 곁에 있을 수 있고 이 아이들이 살아 있어서 내게 살 냄새를 풍긴다는 게 얼마나 큰 축복인가."

나는 어느새 눈물을 흘리고 있었다. 집이었으면 책상에 엎드려서 소리 내어 엉엉 울었을지도 모른다. 조용히 실컷 운 나는 책을 덮고 집으로 걸어왔다. 내 마음은 솜털처럼 가벼

워져 있었다. 며칠 동안 나를 옥죄었던 고민은 먼지가 되어 저 하늘로 날아가버렸다.

내 아이의 존재가 얼마나 축복인지를 잊고 그동안 나는 오직 수학만 생각해서 불행한 거였다. 나는 집으로 돌아와 아이들을 보며 다시 이전처럼 웃을 수 있었다. 아이가 내 곁에 존재한다는 사실만으로 얼마나 감사한지, 아이들과 함께 숨 쉬고 이야기하고 웃고 눈을 마주치고…. 이 모든 일상이 얼마나 감사한 일인지를 깊이 깨달았던 것이다. 수학 공부는 어떻게 할지 해결책을 찾으면 되는 거지 불행해할 문제는 아니었다.

하지만 인간은 망각의 동물이라고 했던가. 나는 아직도 가끔 공부에 대한 불안과 마주한다. 그럴 때마다 나는 마음속으로 외친다.

'자존감하자! 자녀의 존재에 감사하자! 고마워, 내 아이가 되어줘서!'

아이가 내 곁에 있는 것은 당연한 일이 아니다. 그렇기에 매일매일 감사해야 한다. 공부를 등한시하라는 말이 아니다. 다만 그 시작이 욕심과 불안이 아닌 감사가 밑바탕이 되어야 엄마와 아이가 스트레스받지 않고 길고 긴 공부의 길을 걸어갈 수 있다는 말을 하고 싶다. 마음속으로 감사하는 것도 중요하지만 아이에게 내 아이가 되어줘서, 나와 함께해주어서 고맙다는 말을 자주 해주는 부모였으면 좋겠다.

티처맘 TIP
오늘 아이에게 꼭 말해주세요. "내 아이로 태어나줘서 고마워"라고 말이에요.

오늘의 행복은
다시 돌아오지 않는다

스티브 잡스는 스탠포드 졸업식 연설에서 거울을 보며 '만약 오늘이 내 삶의 마지막 날이라면 내가 과연 이 일을 할까?'라는 질문을 던진다고 말했다.

오늘이 당신의 마지막 날이라면, 당신은 인터넷으로 쇼핑을 하거나 홈쇼핑으로 물건을 주문할까? 오늘이 당신의 마지막 날이라면, 일어나지도 않은 일을 걱정하며 시간을 허비할까? 오늘이 내 삶의 마지막 날이라면, 당신은 아이에게 화를 낼까?

모든 날을 마지막 날인 것처럼 살 필요는 없다. 그럼 너무 우울할 테니까. 하지만 오늘의 행복은 다시 오지 않을 것처럼 즐기자. 아이는 금방 큰다. 영원히 아이로 있지 않다. 모든 것은 영원하지 않다. 그것은 진리다. 기시미 이치로는 『미움받을 용기』에서 스포트라이트를 비추는 현재의 삶을 살라고, 현재의 삶에 충실한 것이 행복이라고 말한다. 지금을 즐기자.

아이들과 매일 부대끼다 보면 때로 지칠 때가 있다. 가끔 혼자만의 시간도 너무나 그립다. 그런데 딸아이가 친구집에 처음으로 파자마 파티를 하러 간 날, 나는 아이의 빈자리를 실감했다. 집 안에서 딸아이의 목소리가 들리지 않는 게 너무나 어색했다. 밤에 내 품에 안겨서 종알종알 하루 일을 나누던 딸아이가 딱 하룻밤 없는 건데, 너무나 보고 싶었다.

아이가 언제까지 내 옆에서 함께할지를 생각해보면 그 시간이 그리 길지 않다. 아이는 성인이 되면 자신의 길을 향해 갈 것이고 그때가 되면 내가 옆에서 놀아달라고 붙잡고 싶어도 아이는 자신의 길을 닦아가느라 매우 바쁠지도 모른다. 그러니 아이가 성장하는 동안 내 곁에 있는 시간을 소중히 여기고 아름다운 추억으로 채워나가자. 아이에게 그때그때 사랑을 표현하고 맛있는 것을 함께 먹고 손을 잡고 공원을 산책하자. 아이와 함께하는 매 순간을 감사하며 즐기자.

생각은 '부재'에 이어 '작별', '죽음'까지 이어졌다. 인간은 영원히 살지 못한다. 그렇다고 죽음을 두려워할 필요는 없다. 죽음이 있기에 인간은 더 겸손하고 성실하게 살아갈 수 있을 테니까. 죽음을 의식하며 역설적으로 지금을·더 충실히 살 수 있다. 아이에게 그때그때 사랑을 표현하고 맛있는 것을 먹고 여행을 다녔으면 좋겠다.

오늘의 행복을 즐기고 아이들과 함께할 수 있음에 감사하며 살자. 지금 이 순간에 몰입하고 아이를 힘껏 사랑하자.

티처맘 TIP

하루를 즐겁게 보내는 걸 우선으로 하세요. 오늘은 어제 죽은 누군가가 그토록 바라던 내일일 테니까요.

포노 사피엔스 vs 스마트폰 중독

6학년 학급을 맡은 적이 있는데, 아이들의 스마트폰 활용 능력은 내 상상을 뛰어넘었다. 동영상을 촬영하고 편집하는 기능은 감히 내가 따라갈 수 없을 정도다. 그러니 아이를 키우는 엄마로서, 아이들을 가르치는 교사로서 '스마트폰 딜레마'에 안 빠질 수가 없다.

앞에서도 이야기했지만 이전에는 아이의 스마트폰 사용을 철저하게 차단했다. 그러던 중 교육청에서 실시하는 '미디어 리터러시' 연수를 받게 되었다. 스마트폰을 어떻게 활용하느냐에 따라 외국에 있는 미술관 방문, 작곡, 웹툰 제작

등 다양한 일을 할 수 있었다. 미디어 활용능력이 앞으로의 시대에 사는 데 필요하다는 점에 동의할 수밖에 없었다.

스마트폰을 사용하면 왠지 아이들의 인내심이나 감성이 떨어질 것 같았다. 그런데 컬러TV세대가 무성영화에 흥미를 느끼지 못하는 것과 같은 이치인가 싶기도 하다. 어쨌든 확실한 것은 시대가 변했다는 것이다.

'미디어 리터러시' 연수를 이수한 후 하루라도 빨리 아이들에게 스마트폰을 접하게 해주어야겠다는 조급증이 생겼다. 시대에 뒤떨어진 아이로 클까 봐 걱정되었기 때문이다. 오랜 고민 끝에 아이에게 스마트폰을 사주었다. 가장 중요한 것은 아이 스스로를 믿을 수 있게 만들어주는 것이라고 결론 냈기 때문이다. "엄마, 나는 절제해서 잘 사용할 줄 아는 멋진 사람이에요"라는 믿음을 아이 스스로 갖게 하자고, 엄마와의 사용 시간 약속을 잘 지키면 봇물처럼 칭찬하자고 결심했다.

스마트폰을 사주면서 아이와 하루 사용 시간을 정했다. 종종 약속한 시간을 초과해서 아이들을 나무라기도 했지만 점차 우리 가족만의 스마트폰 사용 규칙이 정착되어가고 있다.

가끔 스마트폰 삼매경인 아이들을 보고 있으면 잘한 결정인지 불안하기도 하다. 그런데 이런 내 자신이 문득 '우산장

수와 짚신장수의 어머니' 같다는 생각이 들었다. 비 오는 날
에는 짚신장수 아들이 짚신을 못 팔까 봐 걱정하고, 해가 비
치는 날에는 우산장수 아들이 우산을 못 팔까 봐 걱정한다는
이야기다. 아이들이 스마트폰을 할 때에는 전두엽이 망가지
고 중독될까 봐 걱정하고 스마트폰을 차단할 때에는 '미디어
사용 능력'이 없어 시대에 뒤처질까 봐 걱정하는 내 모습과
꼭 닮았다.

스마트폰은 중독되기 쉽다고 아이를 윽박지를 게 아니라
잘 절제하면 우리 생활에 유용하게 쓸 수 있음을 알려주자.
게임을 하더라도 스마트폰의 사용 방법을 익히고 즐거움을
얻는다면 좋은 것이라고 말해주자. 다만, 제한 시간을 지키지
않는다면 사용을 허락할 수 없음을 부드럽게 이야기해주는
게 좋다.

가장 중요한 것은 내 아이가 절제해서 사용할 수 있다고
믿고 실수를 해도 끈기를 가지고 시도해나가야 한다는 것이
다. 아이에게 절제할 수 있다며 격려해주고 아이가 그럴 수
있음을 믿어야 한다.

때론 아이가 약속한 시간을 어길 수 있다. 그때 다그치지
말고 약속한 시간이 지났음을 알려주고 다음부터 그러지 말
것을 당부하자. 아이가 계속 약속을 어길 경우에는 단호한

모습을 보여주어야 한다. 계속 시간을 어길 경우, 어떤 제약을 가할지 아이와 상의하여 결정하자.

대화와 믿음, 부모의 인내는 내 아이를 포노사피엔스로 기를지 스마트폰 중독자로 기를지를 결정한다. 그것은 종이 한 장 차이다. 내가 아이를 포노사피엔스로 바라보면 그렇게 되는 것이고 스마트폰 중독자로 바라보면 그렇게 되는 것이다.

하루가 다르게 성장해가는 아이들과 하루가 다르게 변화하는 이 시대에 앞으로의 아이들이 스마트폰으로 인해 어떤 성장과 발전을 이루어갈지 감히 추측할 수 있을까? 스마트폰을 무조건 나쁘다며 차단할 수도 없고, 좋다고 아이들 손에 계속 쥐여줄 수도 없다. 부디 양손에 두 마리 토끼를 쥐고 갈 수 있게 균형을 찾아가길 바란다.

티처맘 TIP

스마트폰을 한 장소에 두고 보관해보세요. 사용할 때만 가져가고 사용하지 않을 땐 그 장소에 두는 겁니다. 공중전화를 걸려면 공중전화박스에 가는 것처럼 집 안에 스마트폰 박스를 정해보세요.

아이와 함께하는 오늘은
오늘뿐이다

엄마는 해야 할 일이 너무 많다. 직장에 다니는 엄마든 전업 주부든 마찬가지다. 집안일, 가족 행사, 약속 등을 챙기다 보면, 아이들은 그냥 뒷전으로 밀려날 수 있다. 나는 아이와 하루 15분은 꼭 몰입하겠다고 다짐하고 잠자기 전 15분은 아이에게 오롯이 집중하고 있다.

그 시간에 스마트폰을 만지지 않기 위해 알람시계도 사두었다. 스마트폰 알람을 맞춰도 되는데 스마트폰을 드는 순간 다른 앱을 실행해 샛길로 빠질 것 같아 일부러 알람시계를 샀다. 앱 몇 개만 둘러보아도 30분이 훌쩍 지나가버리기 쉽상이다.

불광불급이라는 말이 있다. '미치지 못하면 미치지 못한다'는 의미로 알리바바 창업자 마윈이 한 말이다. 아이한테 오롯이 몰입하는 시간을 가져보자.

예전에 잠시 마음수련을 위한 프로그램에 참가했을 때 틈틈이 읽을 책을 가져갔는데, 그곳에서는 시계, 책, 노트, 필기도구, 휴대폰이 모두 금지였다. 모두 내려놓고 빈손으로 온 정신을 마음에 집중해보라고 했다.

나는 생각이 떠오르면 메모하는 습관이 있었는데 떠오르는 생각을 메모하지 못한다는 것이 큰 고통이었다. 그 순간 나는 깨달았다. '아, 지금 내 마음이 현재에 집중하지 못하고 미래를 걱정하고 있구나'라고 말이다. '이 프로그램이 끝나고 나면 아까 생각한 것을 노트에 재빨리 적어야지'라는 생각을 하느라 수련원 프로그램에 집중을 못하고 있었다. 지금 떠오른 생각이 나중에 사라질까 봐 좋은 프로그램에 몰입하지 못하고 있었던 것이다. 인생도 그렇다. '이것만 마치고 그다음에'라는 생각으로 앞만 보며 나간다. 주변을 돌아보지 못한다.

몇 해 전 시아버님께서 돌아가셨다. 우리 아들의 표현으로는 '로켓 타고 하늘나라로 올라'가셨다. 할아버지의 죽음을 겪은 이후 아들은 내게 "엄마도 로켓 타면 어떡해?"라고 종종 묻는다. 철든 딸은 "그런 이야기 좀 그만해!"라고 동생을 말린다.

나는 늘 시아버님께 멋진 한상을 대접해드리고 싶었다. 그러려면 요리 실력을 늘려야 했고, 요리 도구를 갖추어야 했고, 당장 처리해야 할 학교 일을 끝내야 했다. 그렇게 미루는 동안 시아버님께서는 아프셨고 결국 제대로 된 밥상 한번 차려드리지 못한 채 작별을 하게 됐다.

시어머님이 시아버님을 그리며 말씀하시기를 생전에 "애미가 비빔국수를 너무 잘한다."라는 말씀을 종종 하셨단다. 시아버님께서 집에 오셨을 때 어떤 조리도구도 없이 급하게 만들어 평소처럼 아무 그릇에나 내드렸던 음식이었다. '멋진 밥상'에 연연해하지 말고 비빔국수를 몇 번 더 대접할 걸 잘못했다는 후회가 든다.

생각해보면 나는 '이 일만 마치면' 하고 현재에 집중하지 않은 적이 많다. 집을 깨끗이 정리하면 아이와 놀아야지, 냉장고 정리를 하면 아이에게 집밥을 해주어야지, 설거지만 마치고 나면 아이에게 책을 읽어 주어야지, 쇼핑몰 결재를 하고 나서 아이와 함께 놀이터에 가야지…. 이렇게 하다가 나중에 하기로 했던 일을 못하는 경우가 얼마나 많은가?

어찌 보면, 몰입을 못하는 것은 완벽주의를 추구해서일지도 모른다. '이것만 마무리되면' 하고 자꾸 미룬다. 무슨 일이 있어도 이 시간만큼은 내 아이에 몰입해서 책을 읽어주거나 놀아주겠다는 다짐으로 시간을 정하자. 하루 몇 분이라도 그 시간에는 열일 제쳐두고 아이에게 온전히 집중하자.

티처맘 TIP
아이에 온전히 몰입하기로 한 시간에는 타이머를 맞춰두세요. 타이머가 울리기 전까지는 아이 이외의 다른 것은 생각하지 않는 겁니다.

6장

엄마가 웃으면
아이도
따라 웃는다

서로 행복을 주고받는
인간관계

『행복은 전염된다』는 하버드 의대 교수 니컬러스 크리스태키스와 하버드대에서 박사 학위를 받은 정치학자 제임스 파울러가 10년간 인간관계의 비밀을 연구한 인간심리서다.

행복은 전염되는 것인 만큼 아이가 행복하려면 우선 아이가 세상에서 제일로 사랑하는 엄마가 행복해야 하지 않을까. 엄마가 행복해야 아이도 행복하고, 엄마가 자존감이 높으면 아이도 자존감이 높아질 테니 말이다. 그런데 인간관계로 행복하지 않은 사람이 많다. 인간관계에 대한 스트레스만 없어도 불행은 크게 줄어들지도 모른다.

기분 좋게 동창회에 나왔다가 집에 들어와서 남편과 싸웠다는 이야기를 자주 들어보았을 거다. 어떤 사람과 인간관계를 맺는지는 삶의 행복에 있어 중요한 부분을 차지한다. 인간관계를 잘 맺으려면 '내가 어떤 사람인지'를 알아야 한다. 흔히 '사회성이 좋다', '외향적이다'라고 표현하는데, 사람들과 잘 이야기하고 밝게 웃는 사람들이다. 하지만 나는 '나다운 사람'이면 충분하다고 생각한다.

다양한 사람과 소통하는 것을 인생의 행복이라 여기는 사람은 그런 삶을 추구하는 게 맞다. 하지만 혼자 책 읽고 사색하는 것을 좋아하고 소수의 인간관계를 소중히 여기는 사람은 그런 삶을 추구하면 된다.

나다움을 잃지 않고 맺는 인간관계가 가장 좋다. 애써 나를 외향적인 사람으로, 지적인 사람으로 포장할 필요는 없다. 다른 사람들에게 좋은 이미지를 심어주기 위해 억지로 인간관계를 넓히려 애쓸 이유도 없고, 내 공허한 마음을 달래기 위해 이 사람 저 사람 만나는 데에 시간과 비용을 쓸 필요도 없다. 내가 만났을 때 편하고 기분 좋은 사람을 만나면 된다.

행복을 주는 사람이 될 궁리

나는 한때 내게 행복을 주는 사람만 만나야 한다고 생각했다. 결혼 후 가족만 챙기기에도 시간과 에너지가 부족해서 더 이상 인간관계를 넓히지 않으려 한 적도 있다. 나 스스로 담장을 쌓은 것이다.

누군가에게 행복을 얻는 것도 중요하지만, 그에 못지않게 내가 누군가에게 행복을 줄 수 있는 사람인지도 중요하다. 행복을 받으려고만 할 때보다 누군가에게 행복을 줄 때 우리는 더 자유롭다. 이때 주고 나서 기분이 좋고 마음이 가벼우면 우러나와서 준 것이고, 주고 나서 되돌려 받고 싶거나 생각보다 상대가 기뻐하지 않는 것 같아서 실망한다면 무언가를 바라고 준 것이다.

또 인간관계에서 누군가에게 무언가를 주기 위해서는 관심이 있어야 한다. 관심은 저절로 생기지 않는다. 남녀 간의 사랑이 아닌 보통의 인간관계에서는 의도적으로 관심을 기울여야 한다. 상대에게 관심을 기울여 그 사람이 원하는 것을 내가 줄 수 있으면 행복하다. 다만 상대가 부담스러워 하지 않을 정도의 관심이어야 한다. 상대가 부담스럽게 여긴다면 그만해야 한다.

인간관계란 게 원래 쉽지 않은 데다 사람마다 인간관계를 맺는 방식도 달라서 더 어렵다. 인간관계에서 가장 중요한 것은 각자의 다름을 이해하고 서로의 거리를 존중하는 것이다. 침범하지 않는 범위 내에서 둥글게 지내면 된다. 나를 행복하게 하는 인간관계를 형성하자. 타인에게 관심을 가지고 행복을 줄 수 있는 사람이 되자.

티처맘 TIP

'나는 어떤 사람과 있을 때 행복한가?', '그 사람이 나를 어떻게 대해주었을 때 행복감을 느꼈나?' 하고 잘 생각해보고 여러분도 그런 사람이 되어봅시다.

만나서 불편한 사람에게서
도망쳐도 괜찮다

나는 행복한 인간관계를 위해 나름 몇 가지 원칙을 세웠다. 첫째, 상대방을 누군가와 비교하지 않는다. 나 스스로 누군가와 비교해서 상처받은 적이 있기 때문에 비교가 인간관계가 틀어지는 버튼임을 안다. 나는 상대방을 대할 때 온전히 그 사람을 보려고 노력한다.

둘째, 되도록이면 다른 사람의 험담을 하지 않으려고 한다. '하지 않는다'라고 단정하지 못하는 것은 그만큼 어렵기 때문이다. 사실 이 규칙도 내가 없는 자리에서 누군가가 내 험담을 하는 것을 우연히 듣고 나서 세운 것이다. 내 험담을 한 사람의 입장을 머리로는 이해해도 가슴으로는 이해하지 못해 한동안 속상했다.

셋째, 타인과의 관계뿐 아니라 나와의 관계를 회복할 수 있도록 홀로 시간을 가진다. 나와 가장 친한 친구인 '나'를 만나는 시간이다. 나와 함께 고요히 있는 시간을 가지다 보면 나를 더 깊이 이해하게 되고 사랑하게 된다. 그러면 나를 사랑해주는 사람들이 내 주변에 다가오기도 한다. 그렇게 나와 잘 맞고 나를 이해해주는 사람을 만나면 서로 도움을 주고받으며 성장하게 된다.

예전에는 살다 보니 맺어진 수동적 인간관계가 주였다면 요즘은 마음만 먹으면 능동적으로 인간관계를 맺어나갈 수 있다. 불과 몇 년 전만 해도 내가 어느 동네에 사는지, 어느 학교를 가는지, 어떤 직장에 다니는지가 내 인간관계를 형성하는 루트였다면 이제는 SNS라는 넓은 관계망 속에서 인간관계를 적극적으로 선택할 수 있는 시대다.

잘 살펴보면 SNS에는 나와 생각이 비슷한 사람, 내 생각을 발전시켜주는 사람, 내 마음을 힐링해주는 사람, 획기적인 아이디어를 제공해주는 사람 등 긍정적인 영향을 주는 사람이 많다.

좋은 인간관계를 위해 때로는 '거절'도 필요하다. 영어로 표현한다면 'No, thank you'의 뉘앙스다. 우리나라 정서상 왠지 미안해서 거절을 잘 못할 수 있다. 하지만 몸과 마음이 원하지 않는데 울며 겨자 먹기로 억지로 하다 보면 결국 스트레스로 얼룩지게 된다.

이때 너무 단호히 거절하기보다는 사정을 설명하고 예의 바르게 거절하는 게 좋다. 그러면 상대방도 이해해줄 것이다. 거절하는 2~3초의 어색함을 견디지 못해 몇 시간 내지 며칠을 괴로워하는 일이 없기를 바란다.

티처맘 TIP
거절하지 못해서 괴로웠던 적은 없었는지 생각해보세요. 그때 왜 나는 거절하지 못했는지를 생각해보세요. 그리고 앞으로 그와 비슷한 경우가 생기면 어떻게 예의를 지키며 거절할지를 간단하게 메모해보세요.

엄마가 되고 더욱 소중해진
'혼자만의 시간'

엄마가 되고 아이를 만나 벅찬 기쁨을 느꼈다. 그런데 엄마가 되고 없던 슬픔도 생겼다. 바로 혼자만의 시간이 거의 없어졌다는 점이다. 혼자만의 시간이 이렇게 소중한 것인 줄 알았으면 미혼일 때 배수구에 물 버리듯 흘려보내지 않았을 텐데….

엄마가 되고 더 소중해진 '혼자만의 시간'

사람은 망각의 동물이라고 두 아이가 한창 클 때는 눈코뜰 새 없이 바쁜 기억만 있지 구체적으로 하루 24시간을 어떻게 보냈는지는 잘 생각나지 않는다. 어쨌든 두 아이가 어느 정도 크면서 나도 혼자만의 시간이 조금씩 생기기 시작했다. 물론 아이가 없을 때에 비하면 혼자만의 시간이 적다. 그래서 더욱 허투루 보내지 않으려 한다.

각자 상황에 맞게 다르겠지만, 되도록이면 혼자만의 시간을 규칙적으로 정해보길 바란다. 그 시간을 잘 활용하여 자신을 위해 쓰면 좋겠다. 책을 읽어도 좋고 음악을 들어도 좋다. 단, 스마트폰을 들여다본다거나 인터넷 쇼핑, 연예기사 검색 등 목적 없는 인터넷 서핑을 하며 시간을 허비하지 않았으면 좋겠다.

나는 혼자만의 시간에 산책하거나 책을 읽거나 명상을 한다. 그렇게 잠시라도 혼자만의 시간을 가져야 '엄마 배터리'가 충전된다. 혼자만의 시간을 가질 때는 약간 이기적이어도 된다. 혼자만의 시간이 단지 나 혼자만을 위한 것이 아니기 때문이다.

나는 식구들이 아직 기상하지 않고 나 혼자만 깨어 있는 아침 시간을 무슨 일이 있어도 사수하는 편이다. 몸 상태가 안 좋을 때는 늦잠을 잘 때도 있지만 그런 날은 1년에 며칠 되지 않는다.

규칙적으로 혼자만의 시간을 보내는 공간 만들기

규칙적으로 혼자만의 시간을 보내다가 뜻하지 않게 혼자만의 시간이 생길 때가 있다. 그때는 카페에서 책을 읽거나 글을 쓴다. 예전에는 카페에서 혼자 책을 읽거나 노트북으로 작업하는 사람들을 이해하지 못했다. 그런데 실제로 어느 정도 백색소음이 있는 곳에서 책을 읽거나 글을 써보니 굉장히 집중이 잘될 뿐 아니라 좋은 아이디어가 퐁퐁 떠올랐다.

규칙적으로 혼자만의 시간을 보낼 나만의 '행복 공간'을 만들면 좋겠다. 꼭 바깥이 아니라도 좋다. 나는 알파룸을 명상 장소로 지정해두었다. 스티브 잡스는 방 하나에 방석 하나와 초 하나를 두었다는데 나는 피아노, 기타, 행거, 요가매트, 액자 1개를 두었다. 어쨌든 나는 그곳을 마음 치유하는 곳으로 삼았다.

빌 게이츠는 1년에 안식일을 몇 차례 가졌다고 한다. 안식일에는 모든 전자제품을 뒤로하고 통나무집에서 책을 읽으며 사색에 빠져 지냈다고 한다. 그때 얻은 영감이 마이크로소프트를 발전시키는 원동력이었다는 사실은 이미 널리 알려져 있다.

방석을 하나 깔아도 좋고, 작은 의자와 스탠드를 마련해도 좋고, 작은 매트 하나만 두어도 좋다. 집 안에 나만의 공간을 마련해 혼자만의 시간을 유용하게 보내길 바란다.

티처맘 TIP

집 안 어디에 나만의 공간을 마련할지 계획해보세요. 그림으로 그려보아도 좋아요.

'세상 긍정적인 사람'이
되기로 했다

모든 상황에는 동전의 양면처럼 부정적인 면과 긍정적인 면이 있다. 아이가 어렸을 때 자주 읽어준 동화책 중에 제목이 두 개였던 책이 있다. 앞표지 제목은 『정말 다행이야』, 뒤표지 제목은 『정말 큰일이야』다. 앞에서부터 읽으면 주인공이 모든 상황을 '정말 다행이야' 하고 받아들인다. 그런데 뒤에서부터 읽으면 주인공이 같은 상황을 '정말 큰일이야' 하고 받아들인다. 긍정적 사고와 부정적 사고를 직감적으로 알려주는 책이다. 아이 동화책 중에는 부모가 읽어주면서 더 큰 감명을 받는 경우가 많은 것 같다. 내게는 이 책이 그랬다.

긍정적 프레임으로 전환하는 게 더 행복하다

긍정적 프레임으로 전환하면 그렇지 않을 때보다 좀 더 행복해질 수 있다. 어쩌면 불행해질 상황이라도 긍정적으로 해석하여 행복한 상황으로 바뀔 여지가 생기기 때문이다.

이사하면서 학교 전근을 신청했는데, 1지망한 학교에 자리가 안 나서, 바로 옆 학교로 발령이 났다. 1지망이 아니어서 처음에는 인상 쓰고 첫째아이 학교, 둘째아이 유치원을 알아보았다. 상의 끝에 내가 근무하는 학교에 큰아이를 데리고 다니기로 하고, 학교장의 결재를 받았다. 결심한 후에도 속은 상했다. 아이가 동네 친구들과 다른 학교를 다니게 된 것이 내 직업 때문인 것 같아서 미안했다. 아이가 저학년이라 내가 다니는 학교에 데리고 다니기로 한 것인데 이 선택이 과연 아이를 위한 선택인지 싶었다.

하지만 그렇게 속상해하고 불평해봤자 달라지는 건 아무것도 없었다. 나는 긍정적인 프레임으로 바꿔 생각했다. 긍정의 프레임으로 전환하는 가장 쉽고 효과적인 방법은 '감사하기'다. 내가 원하는 학교는 아니었어도 집과 가까워 걸어서 갈 수 있으니 감사하기로 했다. 또 아이가 동네친구들과 같이 학교를 다니지 못해도 나와 같은 공간에서 학교생활을 할 수 있으니 감사하기로 했다.

실제로 새로 발령받은 학교에 아이와 함께 다니니 의외로 좋은 점이 많았다. 아침에 아이와 손잡고 걸으면서 학교생활 이야기를 할 수 있어 좋았다. 퇴근 후 집안일을 하느라 온전히 아이와의 시간을 보내지 못하는 나로서는 감사한 시간이었다. 또 운동할 시간이 부족한 나로서는 등하굣길이 꽤 운동이 되었다. 봄에는 아름다운 꽃을, 여름에는 초록 나무를, 가을에는 낙엽을, 겨울에는 눈을 보며 사계절을 즐길 수 있는 점도 좋았다. 좋은 점이 많다 보니 나중에는 '내가 이 학교에 발령받은 건 혹시 바쁜 삶 가운데 아이들과 더 행복한 일과를 가지라는 신의 뜻이었는지도 몰라' 하고 생각하게 되었다.

긍정의 프레임으로 전환하는 엄마를 따라 하는 아이

나는 부정의 프레임으로 빠질 만한 상황이 닥쳐도 아이 앞에서는 긍정적으로 받아들이려고 노력한다. 내 부주의로 일어난 일이지만, 두 차례의 분실사건이 있었다. 한 번은 아이와 마트에 갔는데 바꾼 지 얼마 안 된 휴대폰을 잃어버렸다. 나는 아이에게 "괜찮아. 휴대폰 없다고 큰일 난 거 아니야. 찾을 수 있을 거야."라고 의연히 말했다. 한 번은 극장에서 지갑을 잃어버렸는데, 역시 나는 아이에게 "괜찮아. 엄마, 집에 지갑 또 있어(사실 없다)."라고 의연히 말했다.

나 혼자였으면 안절부절못하고 부주의한 나 자신을 책망하며 인상을 쓰고 발을 동동 굴렀을 거다. 하지만 아이 앞이라는 걸 의식해서 괜찮다고 생각하려고 했다. 그 기운이 작용했는지, 휴대폰은 택시 승객이 찾아주었고, 지갑은 환경미화원이 찾아주었다.

아이는 부모를 보고 자란다. 아이는 부모의 거울이라는 말도 있지 않은가. 아이가 실패했을 때 괜찮다며 훌훌 털고 다시 일어날 수 있으려면 긍정적 사고가 밑바탕이 되어야 한다. 평소 부모가 긍정의 프레임으로 전환하는 모습을 보여주면 아이는 저절로 따라 하며 배울 수 있다.

티처맘 TIP
지금 힘든 일이 있다면 그 일을 적고 긍정의 프레임으로 전환해보세요.

바쁠수록
'여유'를 만들어야 하는 이유

스티브 잡스는 '검은색 상의에 청바지'를, 마크 주커버그는 '회색 티셔츠'를 자주 입는다. 이름을 떠올리면 바로 연상될 만큼 자주 입는다. 가수 박진영은 '배기팬츠'를, 유튜버 신사임당은 '검은색 티셔츠'를 입는다. 그들은 '옷 고르는 시간'을 다른 곳에 활용하기로 선택한 걸지도 모른다.

내가 말하고 싶은 바는 '옷 고르기'가 아니라 '시간 관리'다. 24시간이 모자란 엄마라도 자신만의 기준이나 계획으로 시간을 관리하면 삶이 더 여유 있어질 수 있다. 그냥 당장 해야 할 일만 처리하다 보면 하루가 어떻게 지났는지 모를 때가 많다. 시간 계획을 세워 일을 처리하면 의외로 여유 시간이 보인다. 그 시간을 챙겨 휴식을 취하거나 취미생활을 하는 등 생산적으로 활용할 수 있다.

여유 시간 만드는 요령 5

첫째, 요일별로 입을 옷을 정해놓으면 좋다. 나는 특별한 일이 없으면 거의 요일별로 같은 옷을 입는다. 그렇게 해서 옷을 선택하는 데 걸리는 시간을 줄일 수 있다.

둘째, 직장에 나갈 때 입는 옷과 신발은 무채색과 단순한 무늬로 선택한다. 요일별로 옷을 정해놓아도 다른 옷을 입고 싶을 때가 있다. 그때 옷장에 무채색의 단순한 무늬 옷이 많으면 좋다. 다른 옷과 조합하기도 쉽고 변화를 주어 기분도 낼 수 있다. 나는 의류 색상이 대부분 화이트, 아이보리, 그레이, 네이비, 카키, 블랙이다. 다소 화려한 핑크 코트와 와인색 코트가 있는데, 가끔 기분 전환 삼아 입고 있다.

셋째, 시간과 순서를 정해 하루 일과를 짠다. 내가 일어나서 가장 먼저 하는 일은 산책이고 그다음에는 전날 저녁에 미처 하지 못한 집안일이다. 집 안을 정리하고 빨랫감을 세탁기에 넣고 마른 빨래를 개어서 제자리에 놓고 간단히 아침을 차리고 출근준비를 한다. 그동안 빨래가 다 돌아가면 빨래를 넌다. 세탁기를 매일 돌리기 때문에 빨래 양이 많지 않아서 금방 할 수 있다. 빨래를 다 널고 나면 아이들을 깨우고 등교 준비를 한다. 퇴근해서 잠시 휴식을 취하고 저녁 준비를 한다. 식사 후 아이들 숙제를 봐주고 취침한다. 대청소는 주말에 한다. 이렇게 평일의 반복되는 일은 계획을 세워 규칙적으로 실행하면 일상이 조금쯤 여유로워진다. 단순한 일이 몸에 배어 생각하기도 전에 몸이 움직이기 때문이다.

넷째, 식단을 짠다. 사람은 예상할 수 없는 것에 스트레스를 받는다고 한다. 나는 식단을 짜고부터 '오늘은 뭐 해 먹지?', '장 볼 때 뭐 사야 하지?'라는 고민이 사라졌다.

처음에 짠 식단은 깡그리 실패했다. 나는 요리를 못한다. 그런데 마음만 앞서서 휘황찬란한 식단을 짰던 것이다. 식단을 지키지 못하고 배달음식을 시키느니 욕심 부리지 말기로 하고 내가 할 수 있는 간편 식단으로 바꾸었다. 평소 쉽게 할 수 있는 요리로 일주일 식단을 짜서 실천해보자. 가짓수가 모자라면 인터넷의 도움을 받자. 레시피를 검색해서 메모하든지 출력해서 주방에 붙여놓고 보면 좋다.

여유가 없는 사람이 그려나가는 삶은 어쩐지 상당히 팍팍할 것 같다. 학교 현장에서는 같은 학년을 맡은 선생님끼리 하루에 한 번 모임을 갖는다. 단 10분이라도 꼭 한 자리에 모여 이야기를 나눈다.

특히 초등교사는 각자의 교실에서 업무를 보기 때문에, 아이들이 가고 나면 교실에서 업무나 수업 준비를 하느라 바쁘다. 그런데 이렇게 바쁘다고 해서 같이 모여서 소통하는 시간이 없으면, 외딴 섬에 있는 것 같고 사방이 무언가로 막혀있는 것 같기 때문이다. 옆 교실에 있는 선생님과 그날 있었던 일을 이야기하고 아이들 관련 상담 등을 하면서 소통하는 시간으로 마음의 여유를 찾는다.

마음의 여유가 있으면 아이들의 말을 집중해서 들을 수 있다. 여러 가지 할 일로 머릿속이 꽉 차 있으면 나도 모르게 아이들의 말을 흘려듣게 된다.

그런 나를 알기에 학교 업무로 바빠 나 스스로 마음의 여유가 없다는 생각이 들면 '내가 이걸 왜 하고 있지?', '내가 교실에 왜 있지?', '내가 여기서 무엇을 해야 하지?', '다음에는 무얼 해야 하지?' 하고 묻는다.

우선순위를 정해 할 일을 정리하면 여유를 찾을 수 있다.

그러면 굳어져 있던 얼굴이 펴지면서 인상이 부드러워진다. 고개를 들어 나와 눈이 마주친 아이들도 나의 기분 좋음이 전해졌는지 표정이 덩달아 환해진다.

티처맘 TIP

평소 쉽게 할 수 있는 요리를 적어보세요. 요리를 바탕으로 일주일 식단을 짜 보세요. 식단에 맞춰 장을 보면 됩니다.

취미가 있으면
삶이 더 재미있어진다

대학 생활 중 내가 가장 후회하는 일은 동아리활동을 하지 않은 것이다. 4년간 동아리활동을 한 동기들은 졸업할 때 특기 하나씩을 얻었다. 사진, 서예, 악기 등 취미를 특기로 발전시킨 동기가 많다.

나는 초등학교 5학년 때까지 피아노학원을 다녔다. 집에 피아노가 없었기에 학원을 그만둔 순간 더 이상 피아노를 칠 수는 없었다. 아이를 낳고 육아 휴직 중에 문득 피아노를 치고 싶다는 마음이 들었다. 아이가 없었을 때는 괜찮다가 육아 현실에 지쳐서 그랬던 건지, 무언가 배우고 싶은 마음이 부풀어 터지기 직전이었다.

인터넷 카페에서 피아노를 가르쳐준다는 글을 발견한 나는 낮에 피아노를 배우기로 했다. '체르니 30번'까지 쳤다고 큰소리를 뻥뻥 치는 내게 선생님은 공백기가 있으니 베토벤의 〈엘리제를 위하여〉부터 연습하자고 했다.

나는 집에서도 시간이 날 때마다 피아노를 연습했다. 짬짬이 피아노를 치는 동안 참 행복했다. 그런데 아랫집에서 시끄럽다고 민원이 들어왔다. 과감하게 중고 피아노를 팔고 사일런트 피아노로 바꾸면서까지 피아노를 쳤다. 꼭 쇼팽의 〈녹턴〉을 연주하고 싶었다. 결국 〈녹턴〉을 연습하기로 한 날이 왔고, 악보에 계이름을 한글로 써가면서 배웠다. 악보를 보는 게 어려워서 나중엔 그냥 외워버렸다. 몇 달이 지나 녹턴을 완주할 수 있게 되었다.

아이들과 학예회 준비를 할 때였다. 열심히 학예회 준비를 하는 아이들 모습을 보며, 나도 뭔가를 아이들에게 보여주고 싶었다. 집에서 쇼팽의 〈녹턴〉을 연주하는 모습을 동영상으로 찍었다. 처음에는 손만 찍고 마지막에만 내 얼굴이 나오게 연출했다.

학예회가 열리는 날, 나는 아이들에게 "선생님이 인터넷을 보다가 누가 피아노를 너무 잘 쳐서 보여주고 싶어요."라고 말한 후 영상을 보여주었다. 연주가 끝나고 얼굴이 나오는 동시에 "애들아! 오늘 학예회 재밌게 하자! 서프라이즈!"라고 말했더니 아이들이 아주 재미있어했다.

취미로 배웠던 악기 덕분에 이런 이벤트도 할 수 있으니 내 삶이 더 풍요로워진 것 같아 보람 있었다. 지금도 스트레스를 받거나 속상한 일이 있으면 피아노로 달려가서 그때 배웠던 곡을 연주한다. 요즘에는 그림을 배우고 싶다. 일러스트도 배워서 앞으로 책을 쓸 때 내가 그린 일러스트를 넣어보고 싶다.

당장 쓸모가 없을지라도 그것이 나에게 힐링이 된다면 그것만으로도 충분한 가치가 있지 않을까. 꼭 악기 연주가 아니라도 취미를 하나 찾아보면 좋겠다.

티처맘 TIP
배우고 싶은 취미를 적어보세요. 생각나는 대로 여러 개를 적어보세요. 그중 가장 하기 쉬운 것을 하나 골라 오늘부터 시작해보세요.

나는 감정이 벅차오를 때
펜을 든다

글쓰기는 직업이 작가인 사람만 할 수 있는 일은 아니다. 누구나 글을 쓰면서 감정을 표출한 경험이 있다. 바로 일기 쓰기다.

학창시절에 쓴 일기를 어른이 되어 다시 들춰본 적이 있는가? 여러 감정이 생생하게 담겨 있어 스스로 감탄할지도 모른다. 그런데 어느 순간부터인가 글 쓰는 사람을 보기 어려워졌다.

시작은 독서 후 감상부터

나는 아이를 낳고 독서의 재미에 빠졌다. 아이들을 재우고 졸린 눈을 부여잡고 책을 읽었다. 그런 와중에 어느 순간부터 답답함이 일었다. 내가 읽은 책의 내용을 누군가와 이야기해보고 싶었다. 그런데 나와 흥미가 일치하는 사람이 주변에 없었다.

그러던 어느 날 해소 방법을 찾았다. 글을 여러 사람이 볼 수 있는 곳에 올리는 것이다. 어느 날 블로그에 글을 올렸는데 조회수가 '1'이 되었을 때의 그 기쁨이란! 블로그, 페이스북, 인스타그램 등에 글을 올려보자.

그러다가 정성들여 책으로 엮어보고 싶은 마음이 들었다. 요즘은 퇴근 후나 주말을 이용해 글 쓰는 재미에 푹 빠져 지낸다. 이렇게 공부가 즐거웠던 적이 있었을까? 내가 책을 쓰려고 하니 공부가 너무나 즐겁다.

책을 엮는다는 마음으로 써라

예전 근무하던 학교 교장선생님이 '자서전'을 집필해 선생님들과 학생들에게 나누어주는 것으로 퇴임식을 대신한 적이 있었다. 그 책을 통해 교장선생님이 과거 교사생활을 하시면서 품었던 생각을 자세히 알 수 있었다. 평소 내가 알던 교장선생님보다 더 훌륭한 면모를 발견했고 아이들을 진정 사랑하시는 교장선생님의 마음을 본받아야겠다고 생각했다.

글은 사람들에게 영향을 준다. 어떤 사람의 긍정적인 경험을 일기장에 적으면 그 사람만의 추억에서 끝나지만 여러 사람과 나누는 공간에 적거나 책으로 엮으면 다른 사람에게 좋은 영향력을 줄 수 있다.

글을 쓰는 데에는 돈이 들지 않는다. 글을 쓰면서 내 생각이 정리되어 해결되지 않던 문제에 해결책을 제시해주기도 한다. 복잡하고 미묘했던 감정들이 하나하나 풀어지면서 나 스스로를 이해하게 되고 내가 나 자신의 가장 친한 친구가 되어줌으로써 행복해진다.

이루어지리라 믿으며 적는다

나는 '꿈 일기'를 쓰고 있다. 꿈 노트에 내가 꿈꾸는 미래에 대해 일기를 쓰는 것이다. 그러면 내가 그 꿈을 향해 달려가고 있다는 느낌이 든다.

나는 작가가 되어서 내가 공부하고 하고 싶은 이야기를 나누는 것이 꿈이다. 또 기타를 연주하는 유튜버가 되고 싶고, 내가 읽은 책을 함께 나누는 북튜버가 되고 싶고, 아이들에게 꿈과 희망을 주는 교사가 되고 싶다. 꿈을 적는 순간, 나는 그 꿈으로 인해 행복해진다. 내 꿈을 적다 보면, 내 꿈이 믿겨지고 그 꿈을 적으며 행복해할 때 그 꿈에 다가가고 있음을 느낀다.

그리고 블로그, 페이스북, 인스타그램도 하고 있다. 글을 올리고 하루에 5~7명이라도 와서 읽고 가면 내 이야기를 나누었다는 생각에 기뻤다. 나를 이웃으로 추가하는 사람이 있는 날은 얼마나 기쁘던지…. 내 이야기에 공감해주는 사람이 있다는 것만으로도 행복해졌다. 생각을 정리하고 싶어 올린 글이지만 더 큰 행복을 얻었다. 어디에 어떤 방식으로든 상관없다. 꾸준히 글쓰기를 해보면 좋겠다.

티처맘 TIP
감정을 표출하는 글을 쓸 곳을 한 군데 정하고 꾸준히 써보세요. 블로그, 페이스북, 인스타그램, 일기장, 감사일기장, 다이어리 등 어디든 괜찮아요.

걸림돌이 아닌
디딤돌이 되도록

몇 해 전 방문한 야외 수영장에 징검다리를 건너 목적지까지 도달하는 놀이 시설이 있었다. 처음엔 자꾸 빠져 실패했는데 목적지를 멀리 보고 발을 움직였더니 도달할 수 있었다. 고개를 숙이고 당장 눈앞에 있는 돌다리만 보며 걸어서 실패했던 것이다.

아이를 키우면서 겪는 문제가 커 보이는 건 멀리 내다보지 않아서일 수도 있겠단 생각이 들었다. 내가 처음 아이를 만나 품에 안은 순간, 엄마라고 불러줬던 순간, 첫 걸음마를 떼던 순간, 유치원에 입학하고 초등학교에 입학하던 순간에 느꼈던 벅참을 떠올리면 어떤 과제이든 딛고 앞으로 나아갈 수 있으리라. 내 아이의 존재에 감사하며 맞닥뜨린 문제를 딛고 나아갈 때 그 문제는 걸림돌이 아닌 디딤돌이 될 수 있을 것이다.

항상 나를 공부하게 하는 딸아이와 아들 그리고 학교에서 만나는 아이들 덕분에 이 책을 출간할 수 있었다. 이 세상에서 '내 아이에 대해 가장 잘 아는 사람'은 아이와 함께 시간을 보내는 엄마(혹은 대표 양육자)다. 이 땅의 모든 엄마들을 응원한다. 덧붙여 학교 현장에서 아이들 교육에 힘쓰는 모든 교사들을 응원한다. 초등 교사이자 초등학생 남매를 키우는 엄마로서의 경험이 조금이라도 도움이 되었으면 좋겠다.

책을 출판하며 감사할 분이 많다. 학교생활을 하며 만난 동료 선생님, 학부모에게서 늘 배우고 있다. 또 원고의 가치를 믿고 출간을 결정해준 이지퍼블리싱 출판부에 감사한다. 그리고 언제나 든든한 지원군이 되어주는 가족들에게 이 자리를 빌려 깊은 고마운 마음을 전한다. 마지막으로 좋아하는 글로 책의 마무리를 하고 싶다. 2학년 교과서에 수록된 동요 〈봄을 기다리며〉의 노랫말이다. 부디 이 세상 모든 아이의 자존감이 튼튼하게 싹트길 바라 마지않는다.

나뭇잎 옷을 떨군 나무들 따뜻한 겨울눈을 만들지
나무보다 약한 풀꽃은 씨앗으로 겨울을 나지
겨울 눈 속에 잠자는 봄에 깨어날 새싹들
작고 예쁜 씨앗 속에서 봄을 기다리는 새싹들

참고 문헌 및 강연

[문헌]

- 기시미 이치로, 고가 후미타케, 『미움받을 용기』, 인플루엔셜, 2014
- 김미경, 『엄마의 자존감 공부』, 21세기북스, 2017
- 니컬러스 크리스태키스, 제임스 파울러, 『행복은 전염된다』, 이충호 역, 김영사, 2010
- 박경철, 『시골의사 박경철의 자기혁명』, 리더스북, 2011
- 박성호, 『바나나 그 다음』, 북하우스, 2017
- 박혜란, 『믿는 만큼 자라는 아이들』, 나무를심는사람들, 2013
- 법륜, 『엄마 수업』, 휴(休), 2011
- 서민, 『서민 독서』, 을유문화사, 2017
- 서형숙, 『엄마 학교』, 큰솔, 2006
- 윤홍균, 『자존감 수업』, 심플라이프, 2016
- 이유남, 『엄마 반성문』, 덴스토리 , 2017
- 이지성, 『리딩으로 리드하라』, 차이정원 , 2016
- 조세핀 킴, 『교실 속 자존감』, 비전과리더십, 2014
- 조세핀 킴, 『우리 아이 자존감의 비밀』, 비비북스, 2011
- 조재은 글, 곽진영 그림, 『정말 다행이야 / 정말 큰일이야』, 교원 올스토리, 2011
- 존 가트맨, 최성애, 조벽, 『내 아이를 위한 감정코칭』, 한국경제신문사, 2011
- 최재붕, 『포노 사피엔스』, 쌤앤파커스, 2019
- 파멜라 드러커맨, 『프랑스 아이처럼』, 이수혜 역 , 북하이브, 2013

[강연]

- 〈SBS 지식나눔콘서트 아이러브인〉 시즌4 정목스님편
- 〈빅퀘스천-인공지능이 인간을 지배할 것인가〉, 이어령(전 문화부장관)
- 〈세바시-스마트폰으로부터 아이를 구하라!〉(347회), 권장희(놀이미디어교육센터 소장)
- 그랜드 마스터 클래스 GMC 2018 유현준 강연
- 그랜드 마스터 클래스 GMC 2018 장동선 강연
- 그랜드 마스터 클래스 GMC 2018 조승연 강연